防城港古树名木及珍稀植物

Ancient-famous and Rare Trees in Fangchenggang City

凌光振　李镇魁　李静鹏　主编

中国 · 武汉

图书在版编目（CIP）数据

防城港古树名木及珍稀植物 / 凌光振, 李镇魁, 李静鹏主编. -- 武汉 : 华中科技大学出版社, 2019.3
ISBN 978-7-5680-4862-0

Ⅰ. ①防… Ⅱ. ①凌… ②李… ③李… Ⅲ. ①树木 – 介绍 – 防城港 Ⅳ. ①S717.267.3

中国版本图书馆CIP数据核字(2019)第005991号

防城港古树名木及珍稀植物
FANGCHENGGANG GUSHU MINGMU JI ZHENXI ZHIWU　　凌光振　李镇魁　李静鹏　主编

出版发行：华中科技大学出版社（中国·武汉）　电话：（027）81321913
地　　址：武汉市东湖新技术开发区华工科技园（邮编：430223）
出 版 人：阮海洪

策划编辑：王　斌　　责任监印：朱　玢
责任编辑：吴文静　李　楠　　装帧设计：百彤文化

印　　刷：深圳市福威智印刷有限公司
开　　本：889 mm × 1194 mm　1/16
印　　张：13
字　　数：400千字
版　　次：2019年3月第1版 第1次印刷
定　　价：208.00元（USD 40.99）

投稿热线：13710471075　　342855430@qq.com
本书若有印装质量问题，请向出版社营销中心调换
全国免费服务热线：400-6679-118 竭诚为您服务

编辑委员会

前言
Foreword

古树一般是指树龄在百年以上的大树；而那些稀有、名贵或具有历史价值、纪念意义的树木则可称为名木。古树名木作为一种特殊的植物资源，是经过长期严酷磨练、生存竞争而保存下来的“老寿星”；是先辈们留给我们的宝贵财富；是大地自然历史中的活文物；是历史悠久、人文荟萃的象征，堪称“绿色古董”，具有重要的经济、社会、生态、历史文化和遗传学价值，是不可再生和复制的宝贵资源。

珍稀植物也叫珍稀濒危植物，从狭义上讲，它是指所有由于物种自身的原因、受到人类活动或自然灾害的影响而有灭绝危险的野生植物；从广义上讲，珍稀濒危植物泛指珍贵、濒危或稀有的野生植物，包括《濒危野生动植物种国际贸易公约》(Convention on International Trade in Endangered Species of Wild Fauna and Flora，CITES，1973年3月3日签订于华盛顿）附录所列物种、国家和地方重点保护的野生植物、《中国植物红皮书——稀有濒危植物》及《中国物种红色名录》中收录的植物。珍稀植物是一群离灭绝最为接近的植物，而地球上一个物种的灭绝消失，就等于一些独特资源的绝对消失，并导致其他10～30种生物的生存危机。保护、发展和合理利用珍稀植物已成为保护生物多样性的核心内容之一。

广西防城港是一座滨海城市、边关城市、港口城市，位于中国大陆海岸线的最西南端，背靠大西南，面向东南亚，南临北部湾，西南与越南接壤，是北部湾畔唯一的全海景生态海湾城市，被誉为“西南门户、边陲明珠”，是中国氧都、中国金花茶之乡、中国白鹭之乡、中国长寿之乡、广西第二大侨乡。防城港属亚热带湿润季风气候，气候温和，雨量充足，森林繁茂，种类繁多，包括为数众多的古树名木及珍稀植物。

为宣传、科普、保护、发展和合理利用防城港的古树名木及珍稀植物资源，编者将防城港市的古树名木及主要珍稀植物编辑成书。全书共收录古树名木及珍稀植物64科119属173种。其中树龄在100年及以上的古树32科50属74种，名木1科1属1种（http://221.7.254.107:8086/），主要珍稀植物54科90属116种；蕨类植物6科7属9种，裸子植物8科11属14种，被子植物50科101属150种。书中的每一种植物均有规范的中文名称、拉丁学名、科属、形态特征、分布与习性、用途等信息，其中的古树有级别统计，珍稀植物有珍稀度的级别类型，并附有彩色图片。

全书分为古树、名木和珍稀植物三篇。各篇中植物的科的排列按系统分类法排序，即根据古树名木及珍稀植物的进化顺序和亲缘关系排列。其中蕨类植物按秦仁昌系统（1991年）排列，裸子植物按郑万钧系统（1978年）排列，被子植物按哈钦松系统（1926—1934年）排列。属和种的排列则按其字母顺序排列。

本书内容丰富，图文并茂，是一本认识、了解、宣传、科普、保护、发展和合理利用古树名木及珍稀植物的好教材，也是宣传生物多样性保护和生态文明的科普读物。可供林业、园林、园艺、教育、环保、自然保护区等单位有关工作人员，以及大专院校有关师生、植物研究工作者、文化及环保爱好者等参考应用。

由于水平有限，疏漏甚至错误之处在所难免，恳请各位专家和读者不吝批评指正。

编著者
2018年4月

序

Preface

古树是人类发展过程中保存下来的年代久远的树木，它好比一部极其珍贵的自然史书，那粗大的树干储藏着上百年、几百年甚至上千年的气象资料，是历史的见证；名木通常为国内外重要的历史人物亲手种植，或与某一历史事件联系，是一个地方的一段历史纪实的象征；珍稀植物是一群离灭绝极为接近的植物，而地球上一个物种的灭绝消失，就等于一些独特资源的绝对消失，并导致其他10～30种生物的生存危机，也就是说，珍稀植物不仅是物种基因遗失的风向标，也是影响生物圈物种多样性的重要因子，并见证了人类经济社会活动的足迹。

防城港是广西壮族自治区下辖的地级市，处于中国大陆海岸线的最西南端，位居东经107°28′~108°36′，北纬20°36′~22°22′，南临北部湾，西南与越南接壤，是一座边关城市、滨海城市、港口城市，是中国氧都、中国金花茶之乡、中国白鹭之乡、中国长寿之乡。现有2个市辖区（港口区、防城区）、1个县（上思县），代管1个县级市（东兴市），总面积6238.49平方千米，人口97.79万人（2017年末）。防城港市地处低纬度地带，属南亚热带季风气候，受海洋和十万大山山脉的影响，常年阳光充足，雨量充沛，森林繁茂，植物种类繁多，包括古树名木及珍稀植物。据调查统计，截至2018年4月，防城港市共有树龄在100年及以上的古树32科50属74种，名木1科1属1种，主要珍稀植物54科90属116种。

为全面学习、了解、宣传、保护和合理利用防城港的古树名木及珍稀植物，广西防城港市林业局和华南农业大学合编了充分反映防城港市古树名木及珍稀植物的《防城港古树名木及珍稀植物》。该书共收录防城港市古树名木及珍稀植物64科119属173种，包括树龄在100年及以上的古树32科50属74种，名木1科1属1种，主要珍稀植物54科90属116种。书中的每一种植物均有规范的中文名称、拉丁学名、别名、科属、形态特征、分布与习性、用途等信息，并附有彩色图片，图文并茂，具有很高的科学性和实用性。

全书植物名规范，学名正确，描述准确，图片无误，内容丰富。可以预期，《防城港古树名木及珍稀植物》的出版，将有利于防城港市乃至全广西、全国古树名木及珍稀植物的保护，有利于生物多样性的保护，有助于防城港市的生态文明建设。

感谢该书为古树名木及珍稀植物的保护所作的贡献。

《中国植物志》编委
《中国树木志》编委
《中国高等植物》编委
植物分类权威专家，华南农业大学教授

二〇一八年五月廿日

古树篇 ANCIENT TREES

名木篇 FAMOUS TREES

珍稀植物篇 RARE PLANTS

古树篇

ANCIENT TREES

古树一般是指树龄在百年以上的大树。它们经历漫长的历史变迁，是大自然留给人类的宝贵遗产。在同种树木中，它们寿命长，树体大，是饱经风雨沧桑的“老寿星”，成为大自然和人类历史发展的活的见证，具有重要的经济、社会、生态、历史文化和遗传学价值，是不可再生和复制的宝贵资源。

（1）古树具有独特的历史文物价值

古树作为活的文物和化石，将自然景观和人文景观巧妙地融为一体，以顽强的生命传达着古老的信息，记录了人类文明的发展史、城市建设史及政治兴衰史，并为继承和发扬城市风貌提供了活的依据。

（2）古树具有重要的科学价值

古树具有无比的抗性，是最优秀的物种生物基因库，是我们培育新品种的重要来源。古树的年轮结构展示着它那经历漫长岁月的气候、水文、地质、地理、生物、生态等变化情况和人类活动的历史，可用于当地自然历史的研究，也可为人们了解本地区气候、森林植被与植物区系的变迁以及农业生产区划提供参考。

（3）古树具有很好的观赏旅游价值

千姿百态的古树不仅为众多的名胜古迹增辉，还以古怪奇俊的特点形成自己特有的景观，使人流连忘返。不少古树名木曾使历代文人墨客为之倾倒，吟咏抒怀，留下了千古诗文。这些都是我国文化艺术宝库中的珍品和重要的观赏旅游资源，带动当地经济发展。

按树龄，古树可分为一级古树（树龄500年以上）、二级古树（树龄在300～499年之间）、三级古树（树龄在100～299年之间）。截至2018年4月，防城港市已审核的古树共74种2117株（表1，附录1）。其中一级古树7种14株（表2），二级古树21种77株（表3），三级古树74种2026株（表4）。

表1　防城港古树统计表*

古树级别	种数	株数
一级古树	7	14
二级古树	21	77
三级古树	74	2026
合计	74	2217

*不含准古树（树龄在80～99年之间）553株。

表2　防城港一级古树统计表

序号	一级古树	株数
1.	鸡毛松 *Dacrycarpus imbricatus* var. *patulus* de Laub.	1
2.	樟 *Cinnamomum camphora* (L.) J.Presl	1
3.	阳桃 *Averrhoa carambola* L.	1
4.	柔毛红豆 *Ormosia pubescens* R. H. Chang	1
5.	格木 *Erythrophleum fordii* Oliv.	1
6.	高山榕 *Ficus altissima* Bl.	4
7.	五色柿*Diospyros decandra* Lour.	5
合计（株）		14

表3　防城港二级古树统计表

序号	二级古树	株数
1.	马尾松 *Pinus massoniana* Lamb.	1
2.	樟 *Cinnamomum camphora* (L.) J.Presl	3
3.	阳桃 *Averrhoa carambola* L.	1
4.	银木荷 *Schima argentea* Pritz. ex Diels	1
5.	狭叶坡垒*Hopea chinensis* Hand.-Mazz	2
6.	红鳞蒲桃 *Syzygium hancei* Merr. et Perry	1
7.	水翁蒲桃 *Syzygium nervosum* DC.	1
8.	华杜英 *Elaeocarpus chinensis* (Gardn. et Chanp.) Hook. f.	1
9.	木棉*Bombax ceiba* L.	1
10.	黄桐 *Endospermum chinense* Benth.	2
11.	柔毛红豆 *Ormosia pubescens* R. H. Chang	1
12.	滇糙叶树 *Aphananthe cuspidata* (Bl.) Planch.	1
13.	见血封喉 *Antiaris toxicaria* Lesch.	1
14.	高山榕 *Ficus altissima* Bl.	22
15.	榕树 *Ficus microcarpa* L.f.	12
16.	黄葛树 *Ficus virens* Ait.	3
17.	膝柄木 *Bhesa robusta* (Roxb.) D. Hou	1
18.	龙眼 *Dimocarpus longan* Lour.	12
19.	扁桃*Mangifera persiciformis* C.Y. Wu & T.L. Ming	3
20.	五色柿*Diospyros decandra* Lour.	6
21.	糖胶树 *Alstonia scholaris* (L.) R. Br.	1
合计（株）		77

表4　防城港三级古树统计表

序号	三级古树	株数
1.	油杉 *Keteleeria fortunei* (Murr.) Carr.	7
2.	南亚松 *Pinus latteri* Mason	1
3.	马尾松 *Pinus massoniana* Lamb.	13
4.	鸡毛松 *Dacrycarpus imbricatus* var. *patulus* de Laub.	1
5.	罗汉松 *Podocarpus macrophyllus* D. Don	1
6.	八角 *Illicium verum* Hook. f.	13
7.	樟 *Cinnamomum camphora* (L.) J.Presl	54
8.	黄樟 *Cinnamomum parthenoxylon* (Jack) Meissn	1
9.	豺皮樟 *Litsea rotundifolia* Hemsl. var. *oblongifolia* (Nees) Allen	3
10.	纳槁润楠 *Machilus nakao* S. Lee	4
11.	树头菜 *Crateva unilocalaris* Buch.-Ham.	1
12.	阳桃 *Averrhoa carambola* L.	15
13.	斯里兰卡天料木 *Homalium ceylanicum* (Gardner) Benth.	3
14.	显脉金花茶 *Camellia euphlebia* Merr. ex Sealy	1
15.	银木荷 *Schima argentea* Pritz. ex Diels	4
16.	木荷 *Schima superba* Gardn. et Champ.	8
17.	狭叶坡垒*Hopea chinensis* Hand.-Mazz	66
18.	乌墨 *Syzygium cumini* (L.) Skeels	14
19.	红鳞蒲桃 *Syzygium hancei* Merr. et Perry	346
20.	桂南蒲桃 *Syzygium imitans* Merr. et Perry	1
21.	水翁蒲桃 *Syzygium nervosum* DC.	20
22.	香蒲桃 *Syzygium odoratum* (Lour.) DC.	1
23.	锈毛红厚壳 *Calophyllum retusum* Wall.	1
24.	华杜英 *Elaeocarpus chinensis* (Gardn. et Chanp.) Hook. f. ex Benth.	3
25.	银叶树 *Heritiera littoralis* Dryand.	11
26.	假苹婆 *Sterculia lanceolata* Cav.	5
27.	苹婆 *Sterculia monosperma* Vent.	1
28.	木棉*Bombax ceiba* L.	4
29.	五月茶 *Antidesma bunius* (L.) Spreng.	1
30.	秋枫 *Bischofia javanica* Bl.	9
31.	黄桐 *Endospermum chinense* Benth.	12

（续表）

序号	三级古树	株数
32.	海红豆 *Adenanthera pavonina* L. var. *microsperma* (Teijsm. et Binnend.) Nielsen	4
33.	合欢 *Albizia julibrissin* Durazz.	2
34.	阔荚合欢 *Albizia lebbeck* (L.) Benth.	1
35.	格木 *Erythrophleum fordii* Oliv.	3
36.	仪花 *Lysidice rhodostegia* Hance	1
37.	中国无忧花 *Saraca dives* Pierre	1
38.	刺桐 *Erythrina variegata* L.	2
39.	肥荚红豆 *Ormosia fordiana* Oliv.	2
40.	柔毛红豆 *Ormosia pubescens* R. H. Chang	6
41.	蕈树 *Altingia chinensis* (Champ.) Oliv. ex Hance	49
42.	枫香树 *Liquidambar formosana* Hance	33
43.	锥 *Castanopsis chinensis* (Spreng.) Hance	15
44.	红锥 *Castanopsis hystrix* Hook. f. & Thomson ex A. DC	28
45.	公孙锥 *Castanopsis tonkinensis* Seem.	1
46.	栎子青冈*Cyclobalanopsis blakei* (Skan) Schottky	1
47.	碟斗青冈*Cyclobalanopsis disciformis* Y. C. Hsu et H. W. Jen	1
48.	青冈 *Cyclobalanopsis glauca* (Thunb.) Oerst.	2
49.	亮叶青冈 *Cyclobalanopsis phanera* (Chun) Y. C. Hsu et H. W.	3
50.	滇糙叶树 *Aphananthe cuspidata* (Bl.) Planch.	4
51.	朴树 *Celtis sinensis* Pers.	11
52.	假玉桂 *Celtis timorensis* Span.	1
53.	白颜树 *Gironniera subaequalis* Planch.	4
54.	见血封喉 *Antiaris toxicaria* Lesch.	2
55.	波罗蜜 *Artocarpus heterophyllus* Lam.	5
56.	桂木 *Artocarpus nitidus* subsp. *lingnanensis* (Merr.) Jarr.	4
57.	高山榕 *Ficus altissima* Bl.	112
58.	垂叶榕 *Ficus benjamina* L.	2
59.	雅榕 *Ficus concinna* (Miq.) Miq.	3
60.	榕树 *Ficus microcarpa* L.f.	188
61.	聚果榕 *Ficus racemosa* L.	1
62.	黄葛树 *Ficus virens* Ait.	22
63.	铁冬青 *Ilex rotunda* Thunb.	18

（续表）

序号	三级古树	株数
64.	滕柄木 *Bhesa robusta* (Roxb.) D. Hou	2
65.	橄榄 *Canarium album* (Lour.) DC	121
66.	乌榄 *Canarium pimela* Leenh.	13
67.	山楝 *Aphanamixis polystachya* (Wall.) R. N. Parker	8
68.	龙眼 *Dimocarpus longan* Lour.	433
69.	杧果 *Mangifera indica* L.	1
70.	扁桃*Mangifera persiciformis* C.Y. Wu & T.L. Ming	242
71.	五色柿*Diospyros decandra* Lour.	21
72.	紫荆木 *Madhuca pasquieri* (Dubard) Lam	5
73.	糖胶树 *Alstonia scholaris* (L.) R. Br.	22
74.	山牡荆 *Vitex quinata* (Lour.) Will.	1
合计（株）		2026

在2117株已审核的古树中，树龄500年及以上的一级古树共14株，隶属于7科7属7种。树龄、树高、胸径、平均冠幅最大者均为桑科桑属的高山榕，分别为1000年、27.1米、439厘米、59.45米（表5）。

表5 防城港一级古树信息表

序号	种名	树龄	经度	纬度	古树级别	树高（米）	胸径（厘米）	平均冠幅（米）
1	高山榕	1000	107.7639	21.7449	一级	25	439	38
2	高山榕	650	107.5583	21.9328	一级	24.8	321.1	59.45
3	阳桃	610	107.7337	22.1614	一级	14.5	95.5	7.25
4	鸡毛松	600	107.9492	21.7864	一级	22	110	16
5	高山榕	550	108.1547	22.1675	一级	16	280	23.5
6	高山榕	500	107.5583	21.9328	一级	27.1	286.2	52.85
7	樟	500	107.9953	21.9897	一级	22.8	221.2	15.2
8	柔毛红豆	500	107.9490	21.7864	一级	19	150	20
9	五色柿	500	108.1310	21.5450	一级	19	113.3	14.5
10	格木	500	107.7729	21.8676	一级	18.6	114.6	21.3
11	五色柿	500	108.1312	21.5455	一级	18	124.1	13
12	五色柿	500	108.1289	21.5454	一级	18	113.3	15
13	五色柿	500	108.1307	21.5453	一级	16	111.7	16
14	五色柿	500	108.1302	21.5454	一级	16	106.6	14

1. 油杉 *Keteleeria fortunei* (Murr.) Carr.

【别　　名】松梧、杜松、海罗松

【科　　属】松科油杉属

【形态特征】常绿乔木。树皮粗糙，较松软；枝条开展，树冠塔形；一年生枝有毛或无毛，干后橘红色或淡粉红色，二、三年生时淡黄灰色或淡黄褐色。叶条形，长1.2～3厘米，宽2～4毫米。球果圆柱形，成熟前绿色或淡绿色，微有白粉，成熟时淡褐色或淡栗色；边缘向内反曲，鳞背露出部分无毛；鳞苞中部窄，下部稍宽，上部卵圆形；种翅中上部较宽，下部渐窄。花期：3～4月；种子：10月成熟。

【分布与习性】分布于广西、福建及广东。生于海拔400～1200米，气候温暖，雨量多，酸性土红壤或黄壤的地带。本种在防城港市有三级古树7株；树高12～25米，胸径55.7～106.7厘米，树龄最大260年，最小115年，生长良好。

【用　　途】易危种，被《中国植物红皮书——稀有濒危植物（第一册）》和《中国物种红色名录》收录。木材纹理直，结构细，为建筑、家具、船舱、面板等的良材；树形优雅，叶排成羽毛状，可作庭园绿化树种；可药用，消肿解毒。

2. 南亚松 *Pinus latteri* Mason

【别　　名】越南松、南洋二针松、海南二针松、海南松

【科　　属】松科松属

【形态特征】常绿乔木。树皮厚，深裂成鳞状块片脱落；幼树树冠圆锥形，老则圆球形或伞状；一年生枝深褐色，无毛，不被白粉，苞片状的鳞叶在二年生枝上常脱落。针叶2针一束，长15～27厘米，径约1.5毫米，先端尖，两面有气孔线，边缘有细锯齿。雄球花淡褐红色，聚生于新枝下部成短穗状。球果长圆锥形或卵状圆柱形，成熟前绿色，熟时红褐色；鳞盾近斜方形或五角状斜方形；种子灰褐色，椭圆状卵圆形。花期：3～4月，球果：翌年10月成熟。

【分布与习性】分布于广西、广东和海南。生于丘陵及山地。马来西亚和菲律宾也有分布。本种在广西防城港市共有三级古树1株；树高15.8米，胸径65.3厘米，树龄100年，生长良好。

【用　　途】易危种，被《中国物种红色名录》收录。木材富树脂，材质较坚韧，可供建筑、桥梁、电杆及造纸原料等用；树干割取树脂；树皮可提取栲胶；针叶可提炼松节油。可作造林树种。

3. 马尾松 *Pinus massoniana* Lamb.

【别　　名】青松、松树、山松、枞松

【科　　属】松科松属

【形态特征】常绿乔木。树皮红褐色，枝平展或斜展，树冠宽塔形或伞形。针叶2针一束（稀3针一束），长12～20厘米，细柔，微扭曲，两面有气孔线，边缘有细锯齿；叶鞘宿存。雄球花淡红褐色，圆柱形，聚生于新枝下部苞腋，穗状，雌球聚生于新枝近顶端，淡紫红色，种子长卵圆形。4～5月开花，球果翌年10～12月成熟。

【分布与习性】北自河南及山东南部，南至两广、湖南、台湾，东自沿海，西至四川中部及贵州，遍布于华中华南各地。为喜光、深根性树种，不耐庇荫，能生于干旱、瘠薄的红壤、石砾土及沙质土，或生于岩石缝中，为荒山恢复森林的先锋树种。本种在防城港市共有二级古树1株，三级古树13株；树高13.2～32.1米，胸径50～136厘米，最大树龄300年，生长良好。

【用　　途】木材纹理直，结构粗，耐水湿，是重要的用材树种，也是荒山造林的先锋树种；树干可割取松脂，为医药、化工原料；树干及根部可培养茯苓、蕈类，供中药及食用；树皮可提取栲胶。

4. 鸡毛松 *Dacrycarpus imbricatus* var. *patulus* de Laub.

【别　　名】爪哇罗汉松、岭南罗汉松、爪哇松、异叶罗汉松、竹叶松

【科　　属】罗汉松科鸡毛松属

【形态特征】常绿乔木。枝条开展或下垂；小枝密生，下垂或向上伸展。叶异型，老枝及果枝上之叶呈鳞形或钻形，覆瓦状排列，先端向上弯曲；生于幼树、萌生枝或小枝顶端之叶呈钻状条形，质软，排列成两列，近扁平，两面有气孔线。雄球花穗状，生于小枝顶端；雌球花单生或成对生于小枝顶端。种子无梗，卵圆形，成熟时肉质假种皮红色。花期：4月；种子：10月成熟。

【分布与习性】分布于广西、云南和海南等。多生于山谷、溪涧旁，常与常绿阔叶树组成混交林，或成单纯林。越南、菲律宾、印度尼西亚也有分布。本种在防城港市共有一级古树和三级古树各1株；树高18.5～22米，胸径24～110厘米，最大树龄600年。

【用　　途】易危种，被《中国植物红皮书——稀有濒危植物（第一册）》和《中国物种红色名录》收录。心材黄色，耐腐力强，易加工，可供建筑、桥梁、造船、家具及器具等用材；可作广东、海南、广西西南部及云南南部山地的森林更新和荒山造林树种。

5. 罗汉松 *Podocarpus macrophyllus* D. Don

【别　　名】罗汉杉、土杉

【科　　属】罗汉松科罗汉松属

【形态特征】常绿乔木。树皮灰色或灰褐色，成薄片状脱落；枝开展或斜展。叶螺旋状着生，条状披针形，长7～12厘米，宽7～10毫米，上面深绿色，有光泽，下面带白色、灰绿色或淡绿色。雄球花穗状、腋生，基部有数枚三角状苞片；雌球花单生叶腋，有梗，基部有少数苞片。种子卵圆形，熟时肉质假种皮紫黑色，有白粉，种托肉质圆柱形，红色或紫红色。花期：4～5月；种子：8～9月成熟。

【分布与习性】分布于广西、江苏、浙江、福建、安徽、江西、湖南、四川、云南、贵州和广东等。日本也有分布。本种在广西防城港市共有三级古树1株；树高9米，胸径45.9厘米，生长良好。

【用　　途】易危种。材质细致均匀，易加工，可作家具、器具、文具及农具等用；可作盆景和园景树。

6. 八角 *Illicium verum* Hook. f.

【别　　名】八角茴香、大茴香、唛角

【科　　属】八角科八角属

【形态特征】常绿乔木。树冠塔形、椭圆形或圆锥形；树皮深灰色；枝密集。叶不整齐互生，革质，倒卵状椭圆形、倒披针形或椭圆形，长5～15厘米，宽2～5厘米，在阳光下可见密布透明油点；中脉在叶上面稍凹下，在下面隆起。花粉红至深红色，单生叶腋或近顶生；花被片7，常具不明显的半透明腺点，最大的花被片宽椭圆形到宽卵圆形。果为聚合果，饱满平直，蓇葖多为8，呈八角形，先端钝或钝尖。正糙果3～5月开花，9～10月果熟，春糙果8～10月开花，翌年3～4月果熟。

【分布与习性】分布于广西西部和南部。喜冬暖夏凉的山地气候，多生在土层深厚，排水良好，肥沃湿润，偏酸性的沙质壤土或壤土上。本种在广西防城港市共有三级古树13株，其中11株生长良好，2株生长势衰弱；树高8～17米，胸径24～39厘米，树龄最大120年。

【用　　途】南亚热带经济树种。果为著名的调味香料，味香甜；药用植物，有祛风理气、和胃调中的功能，用于中寒呕逆、腹部冷痛、胃部胀闷等；果皮、种子、叶都含芳香油，是制造化妆品、甜香酒、啤酒和食品工业的重要原料；材用植物，木材淡红褐色至红褐色，可作细木工、家具、箱板等用材。

7. 樟 *Cinnamomum camphora* (L.) J.Presl

【别　　名】香樟、芳樟、油樟、樟木、乌樟、瑶人柴、栳樟、臭樟、乌樟

【科　　属】樟科樟属

【形态特征】常绿乔木，高可达50米。树皮幼时绿色，平滑；老时渐变为黄褐色或灰褐色纵裂。叶薄革质，卵形或椭圆状卵形，长5～10厘米，宽3.5～5.5厘米，顶端短尖或近尾尖，基部圆形，离基3出脉，近叶基的第1对或第2对侧脉长而显著，背面微被白粉，脉腋有腺点。花黄绿色，圆锥花序腋出。球形的小果实成熟后为黑紫色，直径约0.5厘米。花期：4～5月；果期：8～11月。

【分布与习性】分布于广西、浙江、福建、江西、台湾、湖北、湖南、广东和云南等。生于林中、村边等。喜光，稍耐阴；喜温暖湿润气候，耐寒性不强，对土壤要求不严，萌芽力强，耐修剪。越南、朝鲜、日本等也有分布。本种为国家Ⅱ级重点保护野生植物，在广西防城港市共有一级古树1株，二级古树3株，三级古树52株；树高7～28.3米，胸径43～221.2厘米，树龄最大500年。

【用　　途】木材及根、枝、叶可提取樟脑和樟油，樟脑和樟油供医药及香料工业用；果核含脂肪，含油量约40%，油供工业用；根、果、枝和叶入药，有祛风散寒、强心镇痉和杀虫等功能；木材又为造船、橱箱和建筑等用材。

8. 黄樟 *Cinnamomum parthenoxylon* (Jack) Meissn

【别　　名】樟木、黄槁、山椒、假樟、油樟、大叶樟、樟脑树、蒲香树、臭樟

【科　　属】樟科樟属

【形态特征】常绿乔木。树干通直，树皮暗灰褐色，上部为灰黄色，深纵裂，小片剥落，内皮带红色，具有樟脑气味。枝条粗壮，圆柱形，绿褐色，小枝具棱角，灰绿色，无毛。叶互生，通常为椭圆状卵形或长椭圆状卵形，革质，长6～12厘米，宽3～6厘米，两面无毛或仅下面腺窝具毛簇。圆锥花序于枝条上部腋生或近顶生。花小，绿带黄色。果球形，黑色。花期：3～5月；果期：4～10月。

【分布与习性】分布于广西、广东、福建、江西、湖南、贵州、四川、云南。生于海拔1500米以下的常绿阔叶林或灌木丛中。巴基斯坦、印度经马来西亚至印度尼西亚也有。本种在广西防城港市共有三级古树1株；树高20米，胸径111厘米，树龄200年。

【用　　途】叶可供饲养天蚕；枝叶、根、树皮、木材可蒸樟油和提制樟脑；果核含脂肪高，油可供制肥皂用；木材纹理通直，结构均匀细致，适于作梁、柱、桁、椽、门、窗、天花板及农具等用材，作为造船、水工、桥梁、上等家具等用材尤佳。

9. 豺皮樟 *Litsea rotundifolia* Hemsl. var. *oblongifolia* (Nees) Allen

【别　　名】白叶仔、硬钉树、假面果、嗜喳木、圆叶木姜子

【科　　属】樟科木姜子属

【形态特征】常绿灌木或小乔木。树皮灰色或灰褐色，常有褐色斑块。小枝灰褐色，纤细，无毛或近无毛。叶散生，卵状长圆形，长2.5～5.5厘米，宽1～2.2厘米，先端钝或短渐尖，基部楔形或钝。伞形花序常3个簇生叶腋，花小，近于无梗；花被筒杯状，被柔毛；花被裂片6，倒卵状圆形，大小不等，能育雄蕊9；退化雌蕊细小，无毛。果球形，无果梗，成熟时灰蓝黑色。花期：8～9月；果期：9～11月。

【分布与习性】分布于广西、广东、湖南、江西、福建、台湾、浙江。生于丘陵地下部的灌木林中或疏林中或山地路旁、海拔800米以下。越南也有分布。本种在广西防城港市共有三级古树3株；树高8～15米，胸径27～51厘米，树龄最大175年，生长良好。

【用　　途】种子含脂肪油63～80%，可供工业用；叶、果可提芳香油，根含生物碱、酚类、氨基酸，叶含黄酮甙、酚类、氨基酸、糖类等，可入药。

10. 纳槁润楠 *Machilus nakao* S. Lee

【别　　名】纳楠、纳槁楠

【科　　属】樟科润楠属

【形态特征】常绿乔木。树皮灰色、灰褐色以至黑灰色。枝圆柱形，有纵裂长圆形凸起的唇状皮孔和环形叶痕。叶生于小枝上部，有时生近枝端，倒卵状椭圆形，革质，长8.5～18厘米，宽2.8～5.8厘米，上面绿色，下面淡绿色；花序生于小枝顶部和小枝上端叶腋，为阔大开展的多歧聚伞花序；花白色或淡黄色；花被裂片卵形，两面都有绒毛。果绿色，球形。花期：7～10月；果期：11月至翌年4月。

【分布与习性】分布于广西和海南。生于山坡、平原灌丛或疏林中，或在溪畔林中。本种在广西防城港市共有三级古树4株，其中3株生长良好，1株濒危；树高11～21米，胸径52～70.7厘米，树龄最大150年。

【用　　途】近危种。木材供建筑、家具等用。

11. 树头菜 *Crateva unilocalaris* Buch.-Ham.

【别　　名】单色鱼木、鹅脚木叶、鼓槌果、苦洞树、鸡爪菜

【科　　属】白花菜科鱼木属

【形态特征】落叶乔木。掌状复叶，互生，小叶3枚，薄革质，下面苍灰色，侧生小叶基部不对称，先端渐尖或尖，中脉带红色，小叶柄，托叶细小，早落。花序总状或伞房状，生于小枝顶部；花序轴着花10～40；萼片卵状披针形；花瓣白或淡黄色，有爪；雄蕊13～30；柱头头状。花期：3～7月；果期：7～8月。

【分布与习性】分布于广西、浙江、福建、广东、香港、海南和云南。生于山地、丘陵沟谷、溪边湿润地。尼泊尔、印度、缅甸、老挝、柬埔寨及越南有分布。本种在广西防城港市共有三级古树1株；树高4.6米，胸径51厘米，树龄180年，生长不良。

【用　　途】近危种。云南石屏、建水等地有取嫩叶盐渍食用，故有树头菜之名；材质轻而略坚，宜供纹盘、乐器、模型或细工之用；果含生物碱，果皮供染料，叶为健胃剂。

12. 阳桃 *Averrhoa carambola* L.

【别　　名】五敛子、五棱果、五稔、杨桃、洋桃

【科　　属】酢浆草科阳桃属

【形态特征】常绿乔木。一回羽状复叶，互生，受到外力触碰会缓慢闭合，小叶5～13片，全缘，卵形或椭圆形，长3～7厘米，宽2～3.5厘米，顶端渐尖，基部圆，一侧歪斜。花小，两性，花枝和花蕾深红色；花瓣背面淡紫红色，边缘色较淡，腋生圆锥花序。浆果卵形至长椭球形，淡绿色或蜡黄色。果子五角星形。花期：3～12月；果期：6～12月。

【分布与习性】原产马来西亚、印度尼西亚。现广植于热带、亚热带。本种在广西防城港市共有一级古树1株，二级古树1株，三级古树15株；树高7.6～16米，胸径44.6～95.5厘米，树龄最大610年。

【用　　途】水果树种；亦入药，有生津止渴功效；根、皮、叶可止痛止血。

13. 斯里兰卡天料木 *Homalium ceylanicum* (Gardner) Benth.

【别　　名】红花天料木、母生、山红罗、高根、红花母生

【科　　属】天料木科天料木属

【形态特征】常绿乔木。树皮灰色；小枝圆柱形。叶革质，长圆形或椭圆状长圆形，稀倒卵状长圆形，长10～18厘米，宽4.5～8厘米，先端短渐尖，基部楔形或宽楔形，边缘全缘或有极疏不明显钝齿，两面无毛；花外面淡红色，内面白色，多数，3～4朵簇生而排成总状花序；花瓣宽匙形，果时略增大，先端钝，两面均被短柔毛，边缘有睫毛。蒴果倒圆锥形。花期：6月至翌年2月；果期：10～12月。

【分布与习性】分布于广西、云南和西藏。生于山谷疏林中和林缘。斯里兰卡、印度、老挝、泰国、越南也有分布。本种在广西防城港市共有三级古树3株；树高18～23米，胸径52～65厘米，树龄最大150年，生长良好。

【用　　途】易危种。木材优良，结构细密，纹理清晰，为建筑及桥梁和家具的重要用材。

14. 显脉金花茶 *Camellia euphlebia* Merr. ex Sealy

【别　　名】显脉金茶花

【科　　属】山茶科山茶属

【形态特征】灌木至小乔木，嫩枝无毛。叶革质，椭圆形，长12～20厘米，上面干后稍发亮，下面无腺点，边缘密生细锯齿。花单生于叶腋，苞片8片，半圆形至圆形；萼片5片，近圆形；花瓣8～9片，金黄色，倒卵形；外轮花丝基部连生；子房无毛，3室。花期：11月至翌年2月；果期：11～12月。

【分布与习性】分布于广西防城、东兴。生于非石灰岩的石山常绿林下。越南也有分布。本种在广西防城港市共有三级古树1株；树高4.5米，胸径7.7厘米，树龄200年，生长良好。

【用　　途】易危种，国家II级重点保护野生植物，被《中国植物红皮书——稀有濒危植物（第一册）》和《中国物种红色名录》收录。花大，花期长，一株树上花多的可达二百多朵，是培育茶花优良品种的种质资源；种子可榨油；木材坚实，纹理细致，为雕刻、细工等用材。

15. 银木荷 *Schima argentea* Pritz. ex Diels

【别　　名】银荷木

【科　　属】山茶科木荷属

【形态特征】常绿乔木，嫩枝有柔毛，老枝有白色皮孔。叶厚革质，长圆形或长圆状披针形，长8～12厘米，宽2～3.5厘米，先端尖锐，基部阔楔形，上面发亮，下面有银白色蜡被，有柔毛或秃净，在两面明显，全缘。花数朵生枝顶，有毛；苞片2，卵形，有毛；萼片圆形，外面有绢毛；花瓣长1.5～2厘米，最外1片较短，有绢毛；雄蕊长1厘米。蒴果，直径1.2～1.5厘米。花期：7～8月；果期：8～11月。

【分布与习性】分布于广西、四川、云南、贵州、湖南。生于山坡、林地。本种在广西防城港市共有二级古树1株，三级古树4株；树高10～16米，胸径38～70厘米，树龄最大300年。

【用　　途】茎皮或根皮在秋季采集，洗净，切段，晒干可用于清热止痢、驱虫；木材供建筑等用。

16. 木荷 *Schima superba* Gardn. et Champ.

【别　　名】荷树、白荷、荷木

【科　　属】山茶科木荷属

【形态特征】常绿乔木。树皮块裂，嫩枝通常无毛。叶革质或薄革质，椭圆形，长7～12厘米，宽4～6.5厘米，侧脉7～9对，边缘有钝齿。总状花序，白色，无毛；苞片2，早落；萼片半圆形；花瓣长1～1.5厘米，最外1片风帽状，边缘多少有毛；子房有毛。蒴果直径1.5～2厘米。花期：5～8月；果期7～12月。

【分布与习性】分布于广西、浙江、福建、台湾、江西、湖南、广东、海南、贵州。本种是华南及东南沿海各省区常见的种类，在亚热带常绿林里是建群种，在荒山灌丛是耐火的先锋树种。本种在广西防城港市共有三级古树8株；树高8～30米，胸径43～105厘米，树龄最大185年。

【用　　途】耐火树种，可作防火林带；木材可供建筑等用；树皮可诱杀蟑螂等；根外用有祛风湿、消水肿作用。本种有毒，不可内服。

17. 狭叶坡垒 *Hopea chinensis* Hand.-Mazz

【别　　名】万年木、华面坡垒

【科　　属】龙脑香科坡垒属

【形态特征】常绿乔木。具白色芳香树脂，树皮灰黑色，平滑。枝条红褐色，具白色皮孔，被灰色星状毛或短绒毛。叶互生，全缘，革质，长圆状披针形或披针形，长7～13厘米，宽2～4厘米，侧脉7～12对；叶柄具环状裂纹，无毛或被疏毛。圆锥花序腋生、纤细，少花。花瓣5枚，淡红色，扭曲，椭圆形，被黄色长绒毛。果实卵形，黑褐色，具尖头。花期：6～7月；果期：10～12月。

【分布与习性】分布于广西（十万大山、龙州大青山）。生于山谷、坡地、丘陵地区，海拔600米左右。本种在广西防城港市共有二级古树2株，三级古树66株；树高4～23米，胸径7.6～95.5厘米，树龄最大360年。

【用　　途】易危种，国家Ⅰ级重点保护野生植物，被《中国植物红皮书——稀有濒危植物（第一册）》和《中国物种红色名录》收录。树脂可作喷漆原料等；木材坚硬耐腐，可供造船、桥梁、家具等用。

18. 乌墨 *Syzygium cumini* (L.) Skeels

【别　　名】乌楣、海南蒲桃

【科　　属】桃金娘科蒲桃属

【形态特征】常绿乔木。嫩枝圆形，干后灰白色。叶片革质，阔椭圆形至狭椭圆形，长6～12厘米，宽3.5～7厘米，先端圆或钝，上面干后褐绿色或为黑褐色，下面稍浅色，两面多细小腺点，侧脉多而密，缓斜向边缘，圆锥花序腋生或生于花枝上，偶有顶生，有短花梗，花白色，萼管倒圆锥形；卵形略圆，花柱与雄蕊等长。果实卵圆形或壶形，花期：2～3月；果期3～6月。

【分布与习性】分布于广西、台湾、福建、广东、云南等。常见于平地次生林及荒地上。中南半岛、马来西亚、印度、印度尼西亚、澳大利亚等也有分布。本种在广西防城港市共有三级古树14株；树高15～26米，胸径63.7～100厘米，树龄最大150年，生长良好。

【用　　途】优良的绿阴树和行道树种；花供蜜蜂采蜜；果供招鸟；木材供建筑等用。

19. 红鳞蒲桃 *Syzygium hancei* Merr. et Perry

【别　　名】红车、红车木

【科　　属】桃金娘科蒲桃属

【形态特征】常绿乔木。嫩枝圆形，干后变黑褐色。叶片革质，狭椭圆形至长圆形或为倒卵形，长3～7厘米，宽1.5～4厘米，先端钝或略尖，基部阔楔形或较狭窄，上面干后暗褐色，不发亮，有多数细小而下陷的腺点，下面同色。圆锥花序腋生；花蕾倒卵形，萼管倒圆锥形，萼齿不明显；花瓣4，分离，圆形；花柱与花瓣同长。果实球形，直径5～6毫米。花期：7～9月；果期10～12月。

【分布与习性】分布于广西、福建、广东等。常见于低海拔疏林中。本种在广西防城港市共有二级古树1株、三级古树346株；树高5～23米，胸径21～79厘米，树龄最大350年。

【用　　途】树形充盈丰美，枝叶葱郁苍翠，可作行道树或庭园观赏植物；果实可制果酱；木材富弹性，可作工具柄等。

20. 桂南蒲桃 *Syzygium imitans* Merr. et Perry

【别　　名】桂南水蒲桃

【科　　属】桃金娘科蒲桃属

【形态特征】常绿乔木。嫩枝圆形，干后褐色。叶片革质，长圆形，长12～17厘米，宽4～7厘米，先端急尖，末端钝，上面干后橄榄绿色，稍发亮，下面黄褐色，两面均有腺点，靠近边缘2～4毫米结合成边脉，外侧离边缘处另有1条小边脉。圆锥花序顶生，多花，从基部发出分枝；花3朵簇生。花瓣分离，近圆形。果实球形。花期：8～9月；果期10～12月。

【分布与习性】分布于广西十万大山。生长在低海拔山谷、林中或石上。越南也有分布。本种在广西防城港市共有三级古树1株；树高21米，胸径107厘米，树龄150年，生长良好。

【用　　途】木材供建筑、小木工等用。

21. 水翁蒲桃 *Syzygium nervosum* DC.

【别　　名】水翁

【科　　属】桃金娘科蒲桃属

【形态特征】常绿乔木。树皮灰褐色，颇厚，树干多分枝；嫩枝压扁，有沟。叶片薄革质，长圆形至椭圆形，长11～17厘米，宽4.5～7厘米，先端急尖或渐尖，基部阔楔形或略圆，两面多透明腺点，网脉明显，边脉离边缘2毫米。圆锥花序生于无叶的老枝上，花无梗；花蕾卵形；萼管半球形，帽状体长2～3毫米，先端有短喙；花柱长3～5毫米。浆果阔卵圆形，成熟时紫黑色。花期：5～6月；果期：8～9月。

【分布与习性】分布于广西、广东和云南等省区。喜生水边。中南半岛、印度、马来西亚、印度尼西亚及大洋洲等也有分布。本种在广西防城港市共有二级古树1株，三级古树20株；树高11～30.1米，胸径31.8～250厘米，树龄最大380年。

【用　　途】花及叶供药用，含酚类及黄酮甙，可治感冒；根可治黄疸性肝炎；果可食；花极芳香，优良观赏植物。

22. 香蒲桃 *Syzygium odoratum* (Lour.) DC.

【别　　名】白赤榔

【科　　属】桃金娘科蒲桃属

【形态特征】常绿乔木，主干短，分枝较多，树皮褐色且光滑，小枝圆形。叶长圆形至披针形，长3～7厘米，宽1～2厘米，先端尾状渐尖，基部钝或阔楔形，上面干后橄榄绿色，有光泽，多下陷的腺点，下面同色，侧脉多而密。圆锥花序顶生或近顶生，花蕾倒卵圆形，萼管倒圆锥形。果实球形，直径6～7毫米，略有白粉。花期：6～8月；果期9～11月。

【分布与习性】分布于广西、广东等省区。常见于平地疏林或中山常绿林中。越南也有分布。本种在广西防城港市共有三级古树1株；树高约15米，胸径49.3厘米，树龄130年，生长良好。

【用　　途】可作庭荫树和固堤、防风树用；花、种子和树皮可治疗糖尿病、痢疾和其他疾病；开花量大，是良好的蜜源植物；木材也可做家具。

23. 锈毛红厚壳 *Calophyllum retusum* Wall.

【别　　名】红毛红厚壳

【科　　属】藤黄科红厚壳属

【形态特征】常绿乔木。小枝四棱形，幼嫩部分有锈毛。单叶，对生，革质，长圆形、椭圆形或披针形，全缘，有毛，中脉两面凸起，有多数平行的侧脉，直达叶缘。花两性，白色，略带微红，覆瓦状排列；雄蕊多数，花丝线形。核果椭圆形、卵形，熟时黄色。花期：夏季；果期：秋冬季。

【分布与习性】分布于广西西部。生于林中。老挝、柬埔寨、泰国、越南和马来半岛等也有分布。本种在广西防城港市共有三级古树1株；树高10.8米，胸径40.6厘米，树龄100年，生长良好。

【用　　途】广西重点保护野生植物。根、叶药用，有壮腰补肾、祛风除湿作用；种子富含油脂；木材可做小木工；种子富含油脂。

24. 中华杜英 *Elaeocarpus chinensis* (Gardn. et Chanp.) Hook. f. ex Benth

【别　　名】华杜英、桃榅、羊屎乌

【科　　属】杜英科杜英属

【形态特征】常绿乔木。嫩枝有柔毛，老枝秃净，干后黑褐色。叶薄革质，卵状披针形或披针形，长5～8厘米，宽2～3厘米，先端渐尖，基部圆形，稀为阔楔形，上面绿色有光泽，下面有细小黑腺点。总状花序生于去年的枝条上，花两性或单性。两性花：萼片披针形，内外两面有微毛；花瓣5片，长圆形，不分裂，内面有稀疏微毛。核果椭圆形。花期：5～6月；果期：秋后。

【分布与习性】分布于广西、广东、浙江、福建、江西、贵州和云南等。生长于海拔350～850米的常绿林中。老挝及越南也有分布。本种在广西防城港市共有二级古树1株，三级古树3株；树高8～18米，胸径47～120厘米，树龄最大300年。

【用　　途】常有零星红叶，可栽作其他花木的背景树；对二氧化硫抗性强，可选作工矿区绿化和防护林带树种；木材可培养香菇等。

25. 银叶树 *Heritiera littoralis* Dryand.

【别　　名】大白叶仔

【科　　属】梧桐科银叶树属

【形态特征】常绿乔木。树皮灰黑色，小枝幼时被白色鳞秕。叶革质，矩圆状披针形、椭圆形或卵形，长10～20厘米，宽5～10厘米，顶端锐尖或钝，基部钝，下面密被银白色鳞秕；托叶披针形，早落。圆锥花序腋生，密被星状毛和鳞秕；花红褐色；萼钟状，两面均被星状毛，5浅裂，裂片三角形。果木质，近椭圆形，长约6厘米，宽约3.5厘米，背部有龙骨状突起；种子卵形，长2厘米。花期：夏季；果期：9～11月。

【分布与习性】分布于广西、广东和台湾。为热带海岸红树林的树种之一。印度、越南、柬埔寨、斯里兰卡、菲律宾和东南亚各地以及非洲东部、大洋洲也有分布。本种在广西防城港市共有三级古树11株；树高8.3～13.2米，胸径28.1～73.2厘米，树龄最大290年。

【用　　途】易危种，广西重点保护野生植物。木材质地坚重，可以用来搭盖桥梁；可药用，有涩肠止泻作用。

26. 假苹婆 *Sterculia lanceolata* Cav.

【别　　名】鸡冠木、赛苹婆

【科　　属】梧桐科苹婆属

【形态特征】半落叶乔木。小枝幼时被毛。叶椭圆形、披针形或椭圆状披针形，长9～20厘米，宽3.5～8厘米，顶端急尖，基部钝形或近圆形，上面无毛。圆锥花序腋生，密集且多分枝；花淡红色，仅于基部连合，向外开展如星状，矩圆状披针形或矩圆状椭圆形，外面被短柔毛，边缘有缘毛；雌花的子房圆球形，被毛，花柱弯曲。蓇葖果鲜红色，长卵形或长椭圆形，顶端有喙，基部渐狭，密被短柔毛；种子黑褐色，椭圆状卵形。每果有种子2～4个。花期：4～6月；果期：6～8月。

【分布与习性】分布于广西、广东、云南、贵州和四川。为国产苹婆属中分布最广的一种，在华南山野间很常见，喜生于山谷溪旁。缅甸、泰国、越南、老挝也有分布。本种在广西防城港市共有中三级古树5株；树高8～15米，胸径50～89厘米，树龄最大180年，生长良好。

【用　　途】茎皮纤维可作麻袋的原料，也可造纸；种子可食用，也可榨油；果形奇特，颜色鲜艳，可作观赏植物。

27. 苹婆 *Sterculia monosperma* Vent.

【别　　名】凤眼果、七姐果

【科　　属】梧桐科苹婆属

【形态特征】常绿乔木，树皮褐黑色，小枝幼时略有星状毛。叶薄革质，矩圆形或椭圆形，长8～25厘米，宽5～15厘米。圆锥花序顶生或腋生，有短柔毛；萼初时乳白色，后转为淡红色，钟状，外面有短柔毛，5裂，先端渐尖且向内曲；雄花较多，雌雄蕊柄弯曲，无毛，花药黄色；雌花较少，子房圆球形，有5条沟纹，密被毛。蓇葖果鲜红色，厚革质。花期：4～5月；果期：7～9月。

【分布与习性】分布于广西、广东、福建、云南和台湾等。生于林中。印度、越南、印度尼西亚也有分布。本种在广西防城港市共有三级古树1株；树高16米，胸径57厘米，树龄100年，生长良好。

【用　　途】树冠浓密，叶常绿，树形美观，为优良观赏植物；种子可食，煮熟后味如栗子。

28. 木棉 *Bombax ceiba* L.

【别　　名】红棉、英雄树、攀枝花、斑芝棉、斑芝树、攀枝

【科　　属】木棉科木棉属

【形态特征】落叶大乔木，树皮灰白色，幼树的树干通常有圆锥状的粗刺；分枝平展。掌状复叶，小叶5～7片，长圆形至长圆状披针形，长10～16厘米，宽3.5～5.5厘米，顶端渐尖，基部阔或渐狭，全缘。花单生枝顶叶腋，通常红色，有时橙红色，花瓣肉质，倒卵状长圆形，花柱长于雄蕊。蒴果长圆形，钝，密被灰白色长柔毛和星状柔毛。花期：3～4月；果期：4～6月。

【分布与习性】分布于广西、云南、四川、贵州、江西、广东、福建和台湾等。生于沟谷季雨林内。印度、斯里兰卡、中南半岛、马来西亚、印度尼西亚至菲律宾和澳大利亚北部也有分布。本种在广西防城港市共有二级古树1株，三级古树4株；树高16～26.2米，胸径65～220厘米，树龄最大450年。

【用　　途】花入药清热除湿，根皮祛风湿、理跌打，树皮为滋补药；果内绵毛可作枕、褥、救生圈等填充材料；种子油可作润滑油、制肥皂；木材轻软，可用作蒸笼、箱板、火柴梗、造纸等用；花大色艳，可作行道树、园景树等。

29. 五月茶 *Antidesma bunius* (L.) Spreng.

【别　　名】污槽树

【科　　属】大戟科五月茶属

【形态特征】常绿乔木。小枝有明显皮孔；除叶背中脉、叶柄、花萼两面和退化雌蕊被短柔毛或柔毛外，其余均无毛。叶片纸质，长椭圆形、倒卵形或长倒卵形，长8～23厘米，宽3～10厘米，顶端急尖至圆，有短尖头，基部宽楔形或楔形，叶面深绿色，常有光泽，叶背绿色；托叶线形，早落。雄花序为顶生的穗状花序；雄花：花萼杯状，裂片卵状三角形花盘杯状，全缘或不规则分裂；雌花序为顶生的总状花序。核果近球形或椭圆形，成熟时红色。花期：3～5月；果期：6～11月。

【分布与习性】分布于广西、江西、福建、湖南、广东、海南、贵州、云南和西藏等省区，生于山地疏林中。本种在广西防城港市共有三级古树1株；树高14.9米，胸径60.8厘米，树龄112年。

【用　　途】木材质软，适于作箱板用料；果微酸，供食用及制果酱；叶药用治小儿头疮，根治跌打损伤；叶深绿，红果累累，为美丽的观赏树。

30. 秋枫 *Bischofia javanica* Bl.

【别　　名】万年青树、赤木、茄冬、加、秋风子、木梁木、加当

【科　　属】大戟科秋枫属

【形态特征】常绿乔木。树干圆满通直，但分枝低，主干较短；树皮灰褐色至棕褐色。三出复叶，小叶片纸质，卵形、椭圆形、倒卵形或椭圆状卵形，长7～15厘米，宽4～8厘米，边缘有浅锯齿。花小，雌雄异株，多朵组成腋生的圆锥花序；雄花序被微柔毛至无毛；雌花序下垂；雄花萼片膜质，半圆形；雌花萼片长圆状卵形，内面凹成勺状，边缘膜质。果实浆果状，圆球形或近圆球形。花期：4～5月；果期：8～10月。

【分布与习性】分布于广西、陕西、江苏、安徽、浙江、江西、台湾、河南、湖北和云南等。常生于海拔800米以下山地潮湿沟谷林中，尤以河边堤岸或行道树为多。幼树稍耐阴，喜水湿，为热带和亚热带常绿季雨林中的主要树种。印度、缅甸、泰国、老挝、柬埔寨、越南、马来西亚和印度尼西亚等也有分布。本种在广西防城港市共有三级古树9株；树高11～26.8米，胸径54～120厘米，树龄最大260年。

【用　　途】木材供建筑、桥梁、车辆、造船、矿柱、枕木等用；果实可生食，也可酿酒；种子可作润滑油；树皮可提取红色染料；叶可作绿肥，药用也可治无名肿毒；根有祛风消肿作用，主治风湿骨痛、痢疾等；树叶繁茂，抗污染，可作庭园树和行道树。

31. 黄桐 *Endospermum chinense* Benth.

【别　　名】黄虫树

【科　　属】大戟科黄桐属

【形态特征】常绿乔木。树皮灰褐色；嫩枝、花序和果均密被灰黄色星状微柔毛。叶薄革质，椭圆形至卵圆形，长8～20厘米，宽4～14厘米，顶端短尖至钝圆形，基部阔楔形、钝圆、截平至浅心形，全缘，两面近无毛或下面被疏生微星状毛，基部有2枚球形腺体；托叶三角状卵形。花序生于枝条近顶部叶腋；雄花花萼杯状，有4～5枚浅圆齿；雌花花萼杯状，具3～5枚波状浅裂；花盘环状。果近球形，果皮稍肉质。花期：5～8月；果期：8～11月。

【分布与习性】分布于广西、福建、广东、海南和云南。生于海拔600米以下山地常绿林中。印度、缅甸、泰国、越南也有分布。本种在广西防城港市共有二级古树2株，三级古树12株；树高13～29米，胸径42.5～127厘米，树龄最大360年，生长良好。

【用　　途】木材适用于轻型结构、室内装修、木模、玩具、卫生筷等；树干通直，冠形优美，是优良的观赏树种。

32. 海红豆 *Adenanthera pavonina* L. var. *microsperma* Nielsen

【别　　名】红豆、孔雀豆、相思格、小籽海红豆

【科　　属】含羞草科海红豆属

【形态特征】落叶乔木。嫩枝被微柔毛。二回羽状复叶，羽片3～5对，小叶4～7对，互生，长圆形或卵形，长2.5～3.5厘米，宽1.5～2.5厘米，两端圆钝。总状花序单生于叶腋或在枝顶排成圆锥花序，被短柔毛；花小，白色或黄色，有香味，具短梗；花瓣披针形；雄蕊10枚，与花冠等长或稍长；子房被柔毛，几无柄，花柱丝状，柱头小。荚果狭长圆形，盘旋，开裂后果瓣旋卷；种子近圆形至椭圆形，鲜红色，有光泽。花期：4～7月；果期：7～10月。

【分布与习性】分布于广西、云南、贵州、广东、福建和台湾等。多生于山沟、溪边、林中或栽培于园庭。缅甸、柬埔寨、老挝、越南、马来西亚和印度尼西亚也有分布。本种在广西防城港市共有三级古树4株；树高6.6～23米，胸径41.7～107厘米，树龄最大130年。

【用　　途】木材质坚而耐腐，可为支柱、船舶、建筑或箱板用材等；种子鲜红色而光亮，可作装饰品；枝叶婆娑，供观赏。

33. 合欢 *Albizia julibrissin* Durazz.

【别　　名】绒花树、马缨花

【科　　属】含羞草科合欢属

【形态特征】落叶乔木。树冠开展。托叶线状披针形，较小叶小，早落。二回羽状复叶，总叶柄近基部及最顶一对羽片着生处各有1枚腺体；小叶线形至长圆形小叶10～30对，线形至长圆形，长6～12毫米，宽1～4毫米，向上偏斜。头状花序于枝顶排成圆锥花序；花粉红色，花冠裂片三角形；花丝长2.5厘米。荚果带状，长9～15厘米，宽1.5～2.5厘米，嫩荚有柔毛，老荚无毛。花期：6～7月；果期：8～10月。

【分布与习性】分布于我国东北至华南及西南部各省区。生于山坡或村前村后。非洲、中亚至东亚均有分布。生长迅速，耐砂质土及干燥气候。本种在广西防城港市共有三级古树2株；树高18.6～21.8米，胸径72.3～78厘米，最大树龄200年，生长良好。

【用　　途】常植为城市行道树、观赏树；心材黄灰褐色，边材黄白色，耐久，多用于制家具；嫩叶可食，老叶可以洗衣服；树皮供药用，有驱虫之效。

34. 阔荚合欢 *Albizia lebbeck* (L.) Benth.

【别　　名】大叶合欢

【科　　属】含羞草科合欢属

【形态特征】落叶乔木。树皮粗糙；嫩枝密被短柔毛，老枝无毛。二回羽状复叶；总叶柄近基部及叶轴上羽片着生处均有腺体；羽片2～4对，长6～15厘米；小叶4～8对，长椭圆形或略斜的长椭圆形，长2～4.5厘米，宽0.9～2厘米，先端圆钝或微凹。头状花序，花芳香，花萼管状；花冠黄绿色，裂片三角状卵形；雄蕊白色或淡黄绿色。荚果带状，扁平。花期：5～9月；果期：10月至翌年5月。

【分布与习性】原产热带非洲，现广植于两半球热带、亚热带地区。广西、广东、福建、台湾等有栽培。本种在广西防城港市共有三级古树1株；树高19米，胸径61厘米，树龄120年，生长不良。

【用　　途】生长迅速，枝叶繁密，可作行道树或庭荫树；木材供家具、车轮、船艇、建筑等用；叶可作家畜的饲料。

35. 格木 *Erythrophleum fordii* Oliv.

【别　　名】斗登风、孤坟柴、赤叶柴

【科　　属】苏木科格木属

【形态特征】常绿乔木。嫩枝和幼芽被铁锈色短柔毛。叶互生，二回羽状复叶；羽片通常3对，对生或近对生，长20～30厘米，每羽片有小叶8～12片；小叶互生，卵形或卵状椭圆形，长5～8厘米，宽2.5～4厘米，先端渐尖，基部圆形，两侧不对称，边全缘。穗状花序所排成圆锥花序；花瓣5，淡黄绿色，长于萼裂片，倒披针形，内面和边缘密被柔毛；雄蕊10枚，长为花瓣的2倍。荚果长圆形，厚革质，有网脉；种子长圆形，种皮黑褐色。花期：5～6月；果期：8～10月。

【分布与习性】分布于广西、广东、福建、台湾、浙江等省区。生于山地密林或疏林中。越南也有分布。本种在广西防城港市共有一级古树1株，三级古树3株；树高16.3～21米，胸径67～114.6厘米，树龄最大500年，生长良好。

【用　　途】易危种，国家II级重点保护野生植物，被《中国植物红皮书——稀有濒危植物（第一册）》和《中国物种红色名录》收录。木材暗褐色，质硬而亮，纹理致密，为国产著名硬木之一，可作造船的龙骨、首柱及尾柱，飞机机座的垫板及房屋建筑的柱材等。

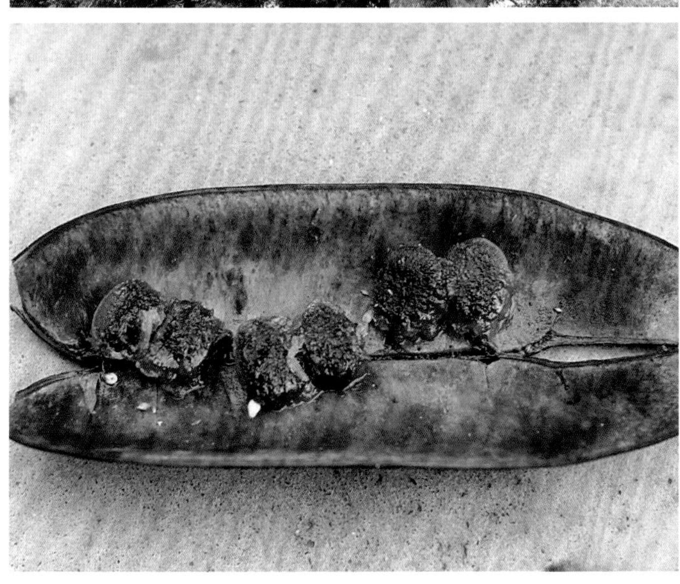

36. 仪花 *Lysidice rhodostegia* Hance

【别　　名】单刀根、麻乙木

【科　　属】苏木科仪花属

【形态特征】常绿乔木。小叶纸质，长椭圆形或卵状披针形，长5～16厘米，宽2～6.5厘米，侧脉纤细，两面明显；小叶柄粗短。圆锥花序，总轴、苞片、小苞片均被短疏柔毛；苞片、小苞片粉红色，卵状长圆形或椭圆形；花瓣紫红色，阔倒卵形。荚果倒卵状长圆，褐红色。花期：6～8月；果期：9～11月。

【分布与习性】分布于广西、广东以及云南。生于海拔500米以下的山地丛林中，常见于灌丛、路旁与山谷溪边。越南也有分布。本种在广西防城港市共有三级古树1株；树高22米，胸径70厘米，树龄120年，生长良好。

【用　　途】根、茎、叶能散瘀消肿、止血止痛，可治跌打损伤、骨折、风湿关节炎、外伤出血等症；韧皮纤维可代麻；花美丽，叶形奇特，为优良的庭园绿化树种。

37. 中国无忧花 *Saraca dives* Pierre

【别　　名】火焰花

【科　　属】苏木科无忧花属

【形态特征】常绿乔木。一回偶数羽状复叶，小叶5～6对，近革质，长椭圆形、卵状披针形或长倒卵形，长15～35厘米，宽5～12厘米，基部1对常较小。花序腋生，总轴被毛或近无毛；总苞大，阔卵形，被毛，早落；苞片卵形、披针形或长圆形。花黄色，后部分变红色，两性或单性；裂片长圆形，4片，有时5～6片，具缘毛，花丝突出。荚果棕褐色，果瓣卷曲。花期：4～5月；果期：7～10月。

【分布与习性】分布于广西和云南。生于密林或疏林中，常见于河流或溪谷两旁。越南、老挝也有分布。本种在广西防城港市共有三级古树1株；树高8米，胸径120厘米，树龄110年，生长良好。

【用　　途】易危种。可放养紫胶虫，为优良的紫胶虫寄主；树皮入药，可治风湿和月经过多；花大而美丽，为良好的庭园绿化和观赏树种。

38. 刺桐 *Erythrina variegata* L.

【别　　名】海桐

【科　　属】蝶形花科刺桐属

【形态特征】落叶乔木。树皮灰褐色，枝有明显叶痕及短圆锥形的黑色直刺，髓部疏松。羽状复叶具3小叶，小叶宽卵形或菱状卵形，长宽15～30厘米，先端渐尖而钝，基部宽楔形或截形，基脉3条，侧脉5对，小叶柄基部有一对腺体状的托叶。总状花序顶生；总花梗木质，粗壮；花萼佛焰苞状；花冠红色，旗瓣椭圆形，先端圆，瓣柄短；翼瓣与龙骨瓣近等长；龙骨瓣2片离生，雄蕊10，单体。荚果黑色，稍弯曲，先端不育。花期：3月；果期：7～8月。

【分布与习性】原产印度至大洋洲海岸林中。广西、台湾、福建和广东等有栽培。本种在广西防城港市共有三级古树2株；树高19米，胸径70.6～74.4厘米，生长良好。

【用　　途】花色艳丽，可栽作观赏树木；树皮或根皮入药，祛风湿，舒筋通络，治风湿麻木，腰腿筋骨疼痛，跌打损伤，对横纹肌有松弛作用，对中枢神经有镇静作用。

39. 肥荚红豆 *Ormosia fordiana* Oliv.

【别　　名】鸡胆豆、福氏红豆、鸡冠果、青炒、圆子红豆、大红豆、林罗木

【科　　属】蝶形花科红豆属

【形态特征】常绿乔木。树皮深灰色，浅裂。幼枝、幼叶密被锈褐色柔毛。奇数羽状复叶；小叶薄革质，倒卵状披针形或倒卵状椭圆形，稀椭圆形，顶生小叶较大，先端急尖或尾尖，基部楔形或略圆，上面中脉凹陷，下面隆起。圆锥花序生于新枝梢；总花梗及花梗密被锈色毛。花冠淡紫红色，旗瓣圆形，兜状。荚果半圆形或长圆形，先端有斜歪的喙，果颈扁，果瓣木质，开裂，淡黄色；种皮鲜红色。花期：6～7月；果期：10～12月。

【分布与习性】分布于广西、广东、海南和云南等。生于山谷、山坡路旁、溪边杂木林中，散生。越南、缅甸、泰国和孟加拉等也有分布。本种在广西防城港市共有三级古树2株；树高17.2～19.8米，胸径95～105厘米，树龄120～140年，生长良好。

【用　　途】木材纹理略通直，可作一般建筑和家具用材。

40. 柔毛红豆 *Ormosia pubescens* R. H. Chang

【别　　名】红豆树

【科　　属】蝶形花科红豆属

【形态特征】常绿乔木。小枝有褐色短柔毛。一回奇数羽状复叶；小叶2对，椭圆形或长椭圆形，长4.5～11厘米，先端具急尖的短尖头，基部楔形，上面绿色，下面色淡；上面有凹陷沟槽，近无毛。圆锥花序顶生，下部分枝总状花序生于叶腋。花萼5浅裂，萼齿三角形，外面密被褐色短柔毛；旗瓣扇形，翼瓣椭圆形，龙骨瓣长圆形；子房密被黄褐色毛。荚果斜方形或椭圆形，果瓣木质，外面密被黄褐色短毛，内有横隔膜；种子长椭圆形，种皮红色，种脐位于短轴一端。花期：5～7月；果期：8～11月。

【分布与习性】分布于广西上思和东兴。生于山谷、山坡路旁、溪边杂木林中。越南、缅甸、泰国、孟加拉也有分布。本种在广西防城港市共有一级古树1株，二级古树1株，三级古树6株；树高11.5～27米，胸径52～150厘米，树龄最大500年，最小110年，生长良好。

【用　　途】木材纹理略通直，可作一般建筑和家具用材。

41. 蕈树 *Altingia chinensis* (Champ.) Oliv. ex Hance

【别　　名】阿丁枫

【科　　属】金缕梅科蕈树属

【形态特征】常绿乔木。树皮灰色，稍粗糙。叶革质或厚革质，倒卵状矩圆形，长7～13厘米，宽3～4.5厘米，先端短急尖，有时略钝，基部楔形；上面深绿色，下面浅绿色，无毛，边缘有钝锯齿。雄花短穗状花序常多个排成圆锥花序，花序柄有短柔毛；雄蕊多数，近于无柄，花药倒卵形。雌花头状花序单生或数个排成圆锥花序，苞片4～5片，卵形或披针形。头状果序近于球形，基底平截，不具宿存花柱；种子多数，褐色有光泽。花期：夏季；果期：秋冬季。

【分布与习性】分布于广西、海南、广东、贵州、云南、湖南、福建、江西和浙江等。生于林中。越南也有分布。本种在广西防城港市共有三级古树49株；树高8～28米，胸径48～120厘米，树龄最大220年。

【用　　途】木材含挥发油，可提取蕈香油，供药用及香料用；木材供建筑及制家具用，也可作放养香菇的母树。

42. 枫香树 *Liquidambar formosana* Hance

【别　　名】枫香、三角枫

【科　　属】金缕梅科枫香树属

【形态特征】落叶乔木。树皮灰褐色，方块状剥落；小枝干后灰色。单叶，互生，薄革质，阔卵形，掌状3裂，中央裂片较长，先端尾状渐尖，掌状脉3～5条；托叶线形，长1～1.4厘米。雄性短穗状花序常多个排成总状，雄蕊多数。雌性头状花序有花24～43朵，花序柄长3～6厘米；萼齿4～7个，花柱长6～10毫米。头状果序圆球形，木质，直径3～4厘米；蒴果下半部藏于花序轴内，有宿存花柱及针刺状萼齿。种子多数，褐色，多角形或有窄翅。花期：4～6月；果期6～8月。

【分布与习性】分布于我国秦岭及淮河以南各省。性喜阳光，多生于平地及低山的次生林，萌生力极强。越南、老挝和朝鲜也有分布。本种在广西防城港市共有三级古树33株；树高13～32米，胸径47～130厘米，生长良好。

【用　　途】树脂药用能解毒止痛、止血生肌，根、叶及果实药用，有祛风除湿、通络活血等作用；木材可制家具及贵重商品的装箱；秋叶红色，为优良观赏植物。

43. 锥 *Castanopsis chinensis* (Spreng.) Hance

【别　　名】中华锥、小板栗、桂林栲、桂林锥

【科　　属】壳斗科锥属

【形态特征】常绿乔木。树皮纵裂，片状脱落，枝、叶均无毛。叶厚纸质或近革质，披针形，长7～18厘米，宽2～5厘米，叶缘至少在中部以上有锐裂齿，中脉在叶面凸起，侧脉每边9～12条，直达齿端。雄穗状花序或圆锥花序，花被裂片内面被短柔毛；雌花序生于当年生枝的顶部。果序长,壳斗圆球形，有连刺，通常整齐的3～5 瓣开裂；坚果圆锥形，果脐在坚果底部。花期：5～7月；果期：翌年9～11月。

【分布与习性】分布于广西、广东、贵州和云南等。生于山地或平地杂木林中。本种在广西防城港市共有三级古树15株；树高12～22米，胸径40～82厘米，树龄最大230年，生长良好。

【用　　途】建筑及家具用材，适作一般工具柄、箱板或薪炭材。

44. 红锥 *Castanopsis hystrix* Hook. f. & Thomson ex A. DC

【别　　名】刺锥栗、刺栲、红锥栗、锥丝栗、椆栗

【科　　属】壳斗科锥属

【形态特征】常绿乔木。当年生枝紫褐色，纤细，与叶柄及花序轴相同，均被或疏或密的微柔毛及黄棕色细片状蜡鳞，二年生枝暗褐黑色，无或几无毛及蜡鳞，密生几与小枝同色的皮孔。叶纸质或薄革质，披针形，有时兼有倒卵状椭圆形，长4～9厘米，宽1.5～4厘米，稀较小或更大。雄花序为圆锥花序或穗状花序；雌穗状花序，花序单穗位于雄花序之上部叶腋间，通常被甚稀少的微柔毛；壳斗有坚果1个，连刺径25～40毫米，整齐的4瓣开裂。坚果宽圆锥形，无毛。花期：4～6月；果期：翌年8～11月。

【分布与习性】分布于广西、福建、湖南、广东、海南、贵州、云南和西藏等。生于缓坡及山地常绿阔叶林中，稍干燥及湿润地方。越南、老挝、柬埔寨、缅甸和印度等也有分布。本种在广西防城港市共有三级古树28株；树高14～30.3米，胸径42.4～92.5厘米，树龄最大280年。

【用　　途】为车、船、梁、柱、建筑及家具的优质材。

45. 公孙锥 *Castanopsis tonkinensis* Seem.

【别　　名】细刺栲、斧柄锥、公孙栲

【科　　属】壳斗科锥属

【形态特征】常绿乔木。树皮灰褐色。小枝幼时被暗黄色短绒毛，后渐脱落。叶片薄革质，长椭圆形或倒卵状长椭圆形，长6～13厘米，宽1.5～4厘米，顶端长渐尖或尾尖，基部宽楔形或近圆形，常偏斜，边缘具短刺状内弯锯齿，中脉在叶面凹陷，在叶背凸起；叶柄初被暗黄色绒毛，后渐无毛。壳斗碟形，成熟时边缘平展，外面密被灰黄色伏贴绒毛，内壁被棕色挺直的毡状绒毛；小苞片合生成8～10条同心环带，坚果扁球形，微被柔毛。花期：3～4月；果期：翌年8～12月。

【分布与习性】分布于广西、广东、海南和贵州等。生于山地阔叶林中。越南也有分布。本种在广西防城港市共有三级古树1株；树高28.1米，胸径70.1厘米，树龄160年，生长良好。

【用　　途】木材淡黄褐色，材质坚实，属优良用材，适作车、船、梁、柱、地板、家具等用材。

46. 栎子青冈 *Cyclobalanopsis blakei* (Skan) Schottky

【别　　名】栎子椆

【科　　属】壳斗科青冈属

【形态特征】常绿乔木。树皮灰黑色，平滑。小枝无毛，二年生枝密生皮孔。叶片薄革质，长倒卵状椭圆形或长倒卵状披针形，大小不一，大的长12～19厘米，小的长7～12厘米，宽1.5～2厘米，顶端渐尖，基部楔形，叶缘1/3以上有锯齿，中脉在叶面突起，幼时两面被红色长绒毛，不久即脱落。雄花序轴被疏毛；雌花序着生花1～2朵。壳斗单生或两个对生，盘形或浅碗形，包着坚果基部，外壁被暗褐色短绒毛，内壁被红棕色长伏毛；小苞片合生成同心环带，环带全缘或有裂齿。坚果椭圆形或卵形。花期：3月；果期：10～12月。

【分布与习性】分布于广西、海南、香港、广东和贵州等省区。生于林中。老挝也有分布。本种在广西防城港市共有三级古树1株；树高22米，胸径90厘米，树龄200年，生长良好。

【用　　途】木材供建筑、家具等用。

47. 碟斗青冈 *Cyclobalanopsis disciformis* Y. C. Hsu et H. W. Jen

【别　　名】碟斗椆

【科　　属】壳斗科青冈属

【形态特征】常绿乔木。树皮灰褐色。小枝幼时被暗黄色短绒毛，后渐脱落。叶片薄革质，长椭圆形或倒卵状长椭圆形，大小不一，大的长10～13厘米，宽达4厘米，小的长约6厘米，宽2.5厘米，顶端长渐尖或尾尖，基部宽楔形或近圆形，常偏斜，边缘具短刺状内弯锯齿，中脉在叶面凹陷，在叶背凸起，侧脉每边11～13条。壳斗碟形，成熟时边缘平展，外面密被灰黄色伏贴绒毛，坚果扁球形。花期：3～4月；果期：翌年8～12月。

【分布与习性】分布于广西、广东、海南和贵州等。生于山地阔叶林中。本种在广西防城港共有三级古树1株；树高16.6米，胸径97厘米，树龄111年，生长良好。

【用　　途】易危种，也是中国特有种。可种在路边绿化，做防火林、防风林、护院绿篱等；材用植物，用于建筑、家具、地板、船舶、乐器等。

48. 青冈 *Cyclobalanopsis glauca* (Thunb.) Oerst.

【别　　名】青冈栎、铁椆

【科　　属】壳斗科青冈属

【形态特征】常绿乔木。单叶，互生，革质，倒卵状椭圆形或长椭圆形，长6～13厘米，宽2～5.5厘米，顶端渐尖或短尾状，基部圆形或宽楔形，叶缘中部以上有疏锯齿，侧脉每边9～13条，叶背支脉明显，叶面无毛，叶背有整齐平伏白色单毛，老时渐脱落，常有白色鳞秕。花序轴被苍色绒毛。壳斗碗形，被薄毛，环带全缘或有细缺刻，排列紧密。坚果卵形、长卵形或椭圆形，果脐平坦或微凸起。花期：4～5月；果期：10月。

【分布与习性】分布于广西、陕西、甘肃、江苏、安徽、浙江、江西、福建、台湾、河南、湖北、湖南、广东、四川、贵州、云南和西藏等。生于山坡或沟谷。朝鲜、日本和印度也有分布。本种在广西防城港市共有三级古树2株；树高13～20米，胸径54～64厘米，生长良好。

【用　　途】木材坚韧，可供桩柱、车船、工具柄等用材；种子含淀粉60%～70%，可作饲料、酿酒、树皮含鞣质16%，壳斗含鞣质10%～15%，可制栲胶。

49. 亮叶青冈 *Cyclobalanopsis phanera* (Chun) Y. C. Hsu et H. W.

【别　　名】亮叶椆

【科　　属】壳斗科青冈属

【形态特征】常绿乔木。树皮灰棕色，有细浅裂纹。小枝幼时有绒毛，后无毛。叶片厚革质，长椭圆形或倒卵状长椭圆形，长5～15 厘米，宽2～6厘米，顶端短钝尖，基部楔形，偏斜，叶缘中部以上有锯齿，两面均为亮绿色，无毛。雄花序数个簇生，苞片比雄蕊长，花序轴被棕色绒毛；雌花序通常有1花。果序轴粗壮有皮孔。壳斗碗形，内壁被棕色绒毛，外壁被苍黄色短绒毛。坚果圆柱形或椭圆形，有柔毛。花期：3～4月；果期：5～6月。

【分布与习性】分布于广西和海南，为中国特有种。生于杂木林中。本种在广西防城港市共有三级古树3株；树高17～23米，胸径47～59厘米，树龄105～150年，生长良好。

【用　　途】材用植物，木材供建筑等用。

50. 滇糙叶树 *Aphananthe cuspidata* (Bl.) Planch.

【别　　名】云南糙叶树

【科　　属】榆科糙叶树属

【形态特征】常绿乔木。树皮褐灰色，常平滑；小枝纤细，干时灰褐色，疏生伏毛或无毛。叶革质，狭卵形至卵状或长圆状披针形，长5～15厘米，宽 2～7 厘米，边缘全缘或有疏锯齿，上面绿，有光泽，干时变棕褐色，下面色较淡，两面光滑无毛，具羽状脉；叶柄纤细；托叶披针形，背面有细伏毛。雌雄异株或同株，雄聚伞花序，雄花花被片5，倒卵状长矩圆形或宽椭圆形；雌花单生，花被5深裂，裂片狭卵圆形。核果卵状，熟时红棕色。花期：3～4月与9～11月；果期：7～9与11～12月。

【分布与习性】分布于广西、广东、海南、云南。生于山坡林中。印度、缅甸、斯里兰卡、越南、马来西亚、印度尼西亚和菲律宾也有分布。本种在广西防城港市共有二级古树1株，三级古树4株；树高7～30米，胸径50～120厘米，树龄最大300年。

【用　　途】木材供家具、建筑等用。

51. 朴树 *Celtis sinensis* Pers.

【别　　名】黄果朴、紫荆朴、小叶朴

【科　　属】榆科朴属

【形态特征】落叶乔木。树皮平滑，灰色。单叶，互生，革质，宽卵形至狭卵形，先端急尖至渐尖，基部圆形或阔楔形，偏斜，中部以上边缘有浅锯齿，三出脉，上面无毛，下面沿脉及脉腋疏被毛。花杂性，当年枝的叶腋；核果近球形，红褐色；果柄较叶柄近等长；核果单生或2个并生，近球形，熟时红褐色；果核有穴和突肋。果成熟时黄色至橙黄色，近球形。花期：3～4月；果期：9～10月。

【分布与习性】分布于广西、山东、河南、江苏、安徽、浙江、福建、江西、湖南、湖北、四川、贵州、广东和台湾等。多生于路旁、山坡、林缘。东南亚也有。本种在广西防城港市共有三级古树11株；树高12～23米，胸径47～77厘米，树龄最大160年。

【用　　途】根、皮、嫩叶入药有消肿止痛、解毒治热的功效，外敷治水火烫伤；茎皮为造纸和人造棉原料；果实榨油作润滑油；木质坚硬，可供工业用材；对二氧化硫、氯气等有毒气体的抗性强。

52. 假玉桂 *Celtis timorensis* Span.

【别　　名】樟叶朴、相思树、香粉木

【科　　属】榆科朴属

【形态特征】常绿乔木。树皮灰白、灰色或灰褐色；枝干有散生短条形皮孔。叶幼时被散生、金褐色短毛，革质，卵状椭圆形或卵状长圆形，长5～13厘米，宽2.5～6.5厘米，先端渐尖至尾尖，基部宽楔形至近圆形，但不达先端，近全缘至中部以上具浅钝齿；小聚伞圆锥花序，幼时被金褐色毛，在小枝上部的花序为杂性。果宽卵状，先端残留花柱基部而成一短喙状，成熟时黄色、橙红色至红色；核椭圆状球形，乳白色，四条肋较明显，表面有网孔状凹陷。花期：3～5月；果期5～8月。

【分布与习性】分布于广西、西藏、云南、四川、贵州、广东、海南、福建。多生于路旁、山坡、灌丛至林中。印度北部、斯里兰卡、缅甸、越南、马来西亚、印度尼西亚也有分布。本种在广西防城港市共有三级古树1株；树高18米，胸径68.4厘米，树龄100年，生长良好。

【用　　途】木材可作家具、器具等用；茎皮纤维可供造人造棉；种子油供工业用；叶可作牛马饲料。

53. 白颜树 *Gironniera subaequalis* Planch.

【别　　名】大叶白颜树、黄机树、寒虾子

【科　　属】榆科白颜树属

【形态特征】常绿乔木。树皮灰或深灰色，较平滑；小枝黄绿色，疏生黄褐色长粗毛。叶革质，椭圆形或椭圆状矩圆形，长10～25厘米，宽5～10厘米，先端短尾状渐尖，基部近对称，圆形至宽楔形，边缘近全缘，叶面亮绿色，平滑无毛，叶背浅绿，稍粗糙，在中脉和侧脉上疏生长糙伏毛，在细脉上疏生细糙毛；托叶对成，鞘包着芽，脱落后在枝上留有一环托叶痕。雌雄异株，聚伞花序成对腋生，序梗上疏生长糙伏毛，雄的多分枝，雌的分枝较少，成总状。核果具短梗，阔卵状或阔椭圆状，熟时橘红色，具宿存的花柱及花被。花期：2～4月；果期：7～11月。

【分布与习性】分布于广西、广东、海南和云南。生于山谷、溪边的湿润林中。印度、斯里兰卡、缅甸和中南半岛、马来半岛和印度尼西亚也有分布。本种在广西防城港市共有三级古树4株；树高19～20米，胸径53～80厘米，树龄100～170年，生长良好。

【用　　途】木材供制一般家具，易传音，宜作木鼓等乐器；枝皮纤维可制人造棉；叶药用治寒湿。

54. 见血封喉 *Antiaris toxicaria* Lesch.

【别　　名】箭毒木

【科　　属】桑科见血封喉属

【形态特征】常绿乔木。大树偶见有板根；树皮灰色，略粗糙；叶椭圆形至倒卵形，幼时被浓密的长粗毛，达缘具锯齿，成长之叶长椭圆形，长7～19厘米，宽3～6厘米，先端渐尖，基部圆形至浅心形，表面深绿色，疏生长粗毛，背面浅绿色，密被长粗毛。雄花序托盘状，围以舟状三角形的苞片；雌花单生，藏于梨形花托内，无花被。核果梨形，成熟的核果，鲜红至紫红色。花期：3～4月；果期：5～6月。

【分布与习性】分布于广西、广东、海南和云南。多生于林中。斯里兰卡、印度、缅甸、泰国、中南半岛、马来西亚和印度尼西亚也有分布。本种在广西防城港市共有二级古树1株，三级古树2株；树高24～29米，胸径68～107厘米，树龄最大304年，生长良好。

【用　　途】近危种，被《中国植物红皮书——稀有濒危植物（第一册）》和《中国物种红色名录》收录。树液有剧毒，人畜中毒则死亡，树液尚可以制毒箭猎兽用；富含细长柔韧的纤维，可制作褥垫、衣服或筒裙；药用植物，可催吐、泻下、麻醉、外用治淋巴结结核。

55. 波罗蜜 *Artocarpus heterophyllus* Lam.

【别　　名】菠萝蜜、苞萝、木菠萝、树菠萝、大树菠萝、蜜冬瓜、牛肚子果

【科　　属】桑科波罗蜜属

【形态特征】常绿乔木。老树常有板状根；托叶抱茎环状，遗痕明显。叶革质，螺旋状排列，椭圆形或倒卵形，长7～15厘米或更长，宽3～7厘米，成熟叶全缘，或在幼树和萌发枝上的叶常分裂，表面墨绿色，无毛，有光泽，背面浅绿色，叶肉细胞具长臂；托叶抱茎，卵形。花雌雄同株，花序生老茎或短枝上。聚花果椭圆形至球形，或不规则形状，幼时浅黄色，成熟时黄褐色，表面有坚硬六角形瘤状凸体和粗毛；核果长椭圆形。花期：2～3月；果期：夏、秋季。

【分布与习性】可能原产印度西高止山。我国广西、广东、海南和云南等有栽培。适生于无霜冻、年雨量充沛的地区，喜光，幼时稍耐阴，喜深厚肥沃土壤，忌积水。本种在广西防城港市共有三级古树5株；树高8～18米，胸径84～139厘米，最大树龄200年，长良好。

【用　　途】果大，味甜，芳香，可食；核果富含淀粉，可煮食；木材黄，可提取桑色素；优良观赏植物。

56. 桂木 *Artocarpus nitidus* subsp. *lingnanensis* (Merr.) Jarr.

【别　　名】红桂木

【科　　属】桑科波罗蜜属

【形态特征】常绿乔木。主干通直；树皮黑褐色，纵裂，叶互生，革质，长圆状椭圆形至倒卵椭圆形，长7～15厘米，宽3～7厘米，先端短尖或具短尾，基部楔形或近圆形，全缘或具不规则浅疏锯齿，表面深绿色，背面淡绿色；托叶披针形，早落。雄花序头状，倒卵圆形至长圆形；雌花序近头状，雌花花被管状，花柱伸出苞片外。聚花果近球形，表面粗糙被毛，成熟红色，肉质。花期：4～5月；果期：5～9月。

【分布与习性】分布于广西、广东和海南等。生于中海拔湿润的杂木林中。泰国、柬埔寨和越南等有栽培。本种在广西防城港市共有三级古树4株；树高11～20米，胸径58～75厘米，树龄最大160年，生长良好。

【用　　途】成熟聚合果可食；木材坚硬，纹理细微，可供建筑用材或家具等原料用材；药用活血通络、清热开胃、收敛止血。

57. 高山榕 *Ficus altissima* Bl.

【别　　名】大叶榕、大青树、万年青

【科　　属】桑科榕属

【形态特征】常绿乔木。树皮灰色，平滑；幼枝绿色。叶厚革质，广卵形至广卵状椭圆形，长10～19厘米，宽8～11厘米，全缘，两面光滑；托叶厚革质。榕果成对腋生，椭圆状卵圆，成熟时红色或带黄色；雄花散生榕果内壁，花被片4，膜质，透明。花期：3～4月；果期：5～7月。

【分布与习性】分布于广西、广东、海南、四川和云南等。生于山地或平地。尼泊尔、不丹、印度、缅甸、越南、泰国、马来西亚、印度尼西亚和菲律宾也有分布。本种在广西防城港市共有一级古树4株，二级古树22株，三级古树112株；树高10～30.7米，胸径46.2～439厘米，树龄最大1000年。

【用　　途】阳性树种，四季常绿，树冠广阔，耐干旱瘠薄，又能抵抗强风，抗大气污染，且移栽容易成活，是极好的城市绿化树种，也是盆景制作的好材料。

58. 垂叶榕 *Ficus benjamina* L.

【别　　名】垂榕、白榕

【科　　属】桑科榕属

【形态特征】常绿乔木。树冠广阔；树皮灰色，平滑；小枝下垂。单叶，互生，薄革质，卵形至卵状椭圆形，长4～8厘米，宽2～4厘米，先端短渐尖，基部圆形或楔形，全缘，平行展出，直达近叶边缘，网结成边脉，两面光滑无毛；托叶披针形。榕果成对或单生叶腋，基部缢缩成柄，球形或扁球形，光滑，成熟时红色至黄色。瘦果卵状肾形。花、果期：几乎全年。

【分布与习性】分布于广西、广东、海南、云南和贵州。生于林中。尼泊尔、不丹、印度、缅甸、泰国、越南、马来西亚、菲律宾、巴布亚新几内亚、所罗门群岛、澳大利亚也有分布。本种在广西防城港市共有三级古树2株；树高12～16米，胸径127.3～164厘米，树龄最大200年。

【用　　途】气根、树皮、叶芽、果实能清热解毒、祛风、凉血等；抗污染，耐修剪，可做绿篱、绿墙或行道树等。

59. 雅榕 *Ficus concinna* (Miq.) Miq.

【别　　名】万年青、小叶榕

【科　　属】桑科榕属

【形态特征】常绿乔木。树皮深灰色，有皮孔；小枝粗壮，无毛。叶狭椭圆形，长5～10厘米，宽1.5～4厘米，全缘，先端短尖至渐尖，基部楔形，两面光滑无毛；托叶披针形，无毛。榕果成对腋生或3～4个簇生于无叶小枝叶腋，球形；雄花、瘿花、雌花同生于一榕果内壁；雄花极少数，生于榕果内壁近口部；瘿花相似于雌花，花柱线形而短。花、果期：3～6月。

【分布与习性】分布于广西、广东、贵州和云南。通常生于林中或村寨附近。不丹、印度、越南、柬埔寨、马来西亚和菲律宾等也有分布。本种在广西防城港市共有三级古树3株；树高15～19米，胸径80～110厘米，树龄最大160年，生长良好。

【用　　途】根系发达，萌生力强，可作庭荫树或盆景。

60. 榕树 *Ficus microcarpa* L. f.

【别　　名】细叶榕、细果榕、小叶榕、小果榕、万年青

【科　　属】桑科榕属

【形态特征】常绿乔木。冠幅广展；老树常有锈褐色气根。树皮深灰色。叶薄革质，狭椭圆形，长4～8厘米，宽3～4厘米，先端钝尖，基部楔形，表面深绿色，干后深褐色，有光泽，全缘。榕果成对腋生或生于已落叶枝叶腋，成熟时黄或微红色，扁球形；雄花、雌花、瘿花同生于一榕果内。瘦果卵圆形。花期：5～6月；果期：7～11月。

【分布与习性】分布于广西、台湾、浙江、福建、广东和湖北等。适应性强，喜疏松肥沃的酸性土，在瘠薄的沙质土中也能生长。斯里兰卡、印度、缅甸、泰国、越南和马来西亚等也有分布。本种在广西防城港市共有二级古树12株，三级古树188株；树高7～30米，胸径51.3～251.5厘米，树龄最大480年。

【用　　途】枝繁叶茂，生势旺盛，作行道树和庭荫树；树皮纤维可制渔网和人造棉；气根、树皮和叶芽作清热解表药。

61. 聚果榕 *Ficus racemosa* L.

【别　　名】马郎果

【科　　属】桑科榕属

【形态特征】常绿乔木。树皮灰褐色，平滑，幼枝嫩叶和果被平贴毛。叶薄革质，椭圆状倒卵形至椭圆形或长椭圆形，长10～14厘米，宽3.5～4.5厘米，先端渐尖或钝尖，基部楔形或钝形，全缘，表面深绿色，无毛，背面浅绿色，稍粗糙，幼时被柔毛，成长脱落，基生叶脉三出；托叶卵状披针形，膜质，外面被微柔毛。榕果聚生于老茎瘤状短枝上，稀成对生于落叶枝叶腋，梨形；雄花生于榕果内壁近口部，无柄；瘿花和雌花有柄。成熟榕果橙红色。花、果期：4～11月。

【分布与习性】分布于广西、云南和贵州。喜生于潮湿地带，常见于河畔、溪边，偶见生长在溪沟中。印度、斯里兰卡、巴基斯坦、尼泊尔、越南、泰国、印度尼西亚和巴布亚新几内亚等也有分布。本种在广西防城港市共有三级古树1株；树高18米，胸径81.2厘米，树龄200年。

【用　　途】榕果成熟味甜可食；且为良好的紫胶虫寄主树。

62. 黄葛树 *Ficus virens* Ait.

【别　　名】绿黄葛树、黄葛榕、黄槲树、大叶榕

【科　　属】桑科榕属

【形态特征】落叶或半落叶乔木。有板根或支柱根。单叶，互生，薄革质或纸质，卵状披针形至椭圆状卵形，长10～20厘米，宽4～7厘米，基出3脉，全缘，下面凸起而明显，网脉较明显；托叶广卵形。花序单生或成对腋生或生于已落叶的枝上，成熟时黄色或红色，基部苞片卵圆形，细小，无总花梗；雄花、瘿花、雌花生于同一花序内。瘦果。花、果期：4～7月。

【分布与习性】分布于广西、陕西、湖北、贵州、四川和云南等，为我国西南部常见树种。斯里兰卡、印度、不丹、缅甸、泰国、越南、马来西亚、印度尼西亚和菲律宾等也有分布。本种在广西防城港市共有二级古树3株、三级古树22株；树高11～28米，胸径26～321厘米，树龄最大410年。

【用　　途】良好的遮阴树，也作行道树、园景树；木材暗灰色，质轻软，纹理美而粗，可作器具、农具等用材。

63. 铁冬青 *Ilex rotunda* Thunb.

【别　　名】救必应、熊胆木、白银香、白银木、过山风、红熊

【科　　属】冬青科冬青属

【形态特征】常绿乔木。树皮灰色至灰黑色；单叶，互生，薄革质，椭圆形，长4～9厘米，宽1.8～4厘米，全缘，叶面有光泽。花小，黄白色，芳香；雌雄异株，通常4～7朵排成聚伞花序，腋生或生于当年小枝上。果球形，熟时红色。花期：3～4月；果熟期10～12月。

【分布与习性】主要分布于长江流域以南。常生长于山下疏林或沟、溪边。朝鲜、日本等也有分布。本种在广西防城港市共有三级古树18株；树高7～16米，胸径30～81厘米，树龄最大215年。

【用　　途】叶和树皮入药，有凉血散血、消肿镇痛之功效，治暑季外感高热、烫火伤、急性肠胃炎、胃痛、关节痛等；兽医用治胃溃疡等各种痛症；枝叶作造纸糊料原料；树皮可提制染料和栲胶；木材作细工用材；果色红艳，常作观赏植物。

64. 膝柄木 *Bhesa robusta* (Roxb.) D. Hou

【别　　名】库林木

【科　　属】卫矛科膝柄木属

【形态特征】常绿乔木。小枝粗壮，紫棕色，表面粗糙不平。叶互生，在小枝上有时近对生，近革质，有光泽，长方窄椭圆形或窄卵形，长11～20厘米，宽3.5～6厘米，全缘。花小，黄绿色；聚伞圆锥花序多侧生于小枝上部，常呈假顶生状；花序梗短或近无，枝上着生多数短梗小花，如穗状，花瓣窄倒卵形或长圆披针形；花盘浅盘状，雄蕊插生其环状外缘上。蒴果窄长卵状。花期：7～9月；果期：翌年3～4年成熟。

【分布与习性】分布于广西。生长于近海岸的坡地杂木林中。印度、越南和马来西亚也有分布。本种在广西防城港市共有二级古树1株，三级古树2株；树高3.5～17米，胸径6.7～71厘米，树龄最大300年。

【用　　途】极危种，国家I级重点保护野生植物，被《中国植物红皮书——稀有濒危植物（第一册）》和《中国物种红色名录》收录。材用植物，可做建筑用材等，是珍贵稀有树种。

65. 橄榄 *Canarium album* (Lour.) DC

【别　　名】黄榄、青果、山榄、白榄、红榄、青子、谏果、忠果

【科　　属】橄榄科橄榄属

【形态特征】常绿乔木。小枝粗，幼部被黄棕色绒毛，很快变无毛；有托叶。小叶3～6对，纸质至革质，披针形或椭圆形，长6～14厘米，宽2～5.5厘米，基部楔形至圆形，偏斜，全缘。花序腋生，微被绒毛至无毛；雄花序为聚伞圆锥花序；雌花序为总状。花疏被绒毛至无毛；花盘在雄花中球形至圆柱形；在雌花中环状，略具3波状齿。雌蕊密被短柔毛；在雄花中细小或缺。果卵圆形至纺锤形；外果皮厚，干时有皱纹；果核渐尖，横切面圆形至六角形。花期：4～5月；果期：7～12月。

【分布与习性】分布于广西、福建、台湾、广东和云南等。野生于沟谷和山坡杂木林中，或栽培于庭园、村旁。越南也有分布。本种在广西防城港市共有三级古树121株；高9～37米，胸径43～126厘米，树龄最大220年。

【用　　途】果可生食或渍制；药用治喉头炎、咳血、烦渴、肠炎腹泻；防风树种及行道树；木材可造船，作枕木；制家具、农具及建筑用材等；核供雕刻，兼药用，治鱼骨鲠喉有效；种仁可食，亦可榨油，油用于制肥皂或作润滑油。

66. 乌榄 *Canarium pimela* Leenh.

【别　　名】木威子、黑榄、榄角

【科　　属】橄榄科橄榄属

【形态特征】常绿乔木。枝叶有特殊芳香气味。小叶纸质至革质，无毛，宽椭圆形、卵形或圆形，稀长圆形，长6～17厘米，宽2～7.5厘米。花序腋生，为疏散的聚伞圆锥花序；雄花序多花，雌花序少花。果成熟时紫黑色，狭卵圆形，横切面圆形至不明显的三角形；外果皮较薄，干时有细皱纹。花期：4～5月；果期：5～11月。

【分布与习性】分布于广西、广东、海南和云南等。生于杂木林内。越南、老挝和柬埔寨也有分布。本种在广西防城港市共有三级古树13株；树高16～34米，胸径45～104厘米，树龄最大180年，生长良好。

【用　　途】果常作榄角；种子油供食用、制肥皂或作其他工业用油；木材灰黄褐色，材质颇坚实，可作家具等用；根入药，可治风湿腰腿痛、手足麻木、胃痛、烫火伤等。

67. 山楝 *Aphanamixis polystachya* (Wall.) R. N. Parker

【别　　名】沙罗、红罗、山罗、假油桐、红果树

【科　　属】楝科山楝属

【形态特征】常绿乔木。一回奇数羽状复叶，有小叶9～15枚；小叶对生，初时膜质，在强光下可见很小的透明斑点，长椭圆形，长18～20厘米，宽约5厘米，全缘。花序腋上生，短于叶，雄花组成穗状花序复排列成广展的圆锥花序，雌花组成穗状花序；花球形，无花梗；花瓣3，圆形。蒴果近卵形，长2～2.5厘米，直径约3厘米，熟后橙黄色，开裂为3果瓣；种子有假种皮。花期：5～9月；果期：10月～翌年4月。

【分布与习性】分布于广西、广东和云南等。生于低海拔地区的杂木林中。印度、中南半岛、马来半岛和印度尼西亚等也有分布。本种在广西防城港市共有三级古树8株；树高11～20米，胸径36～134厘米，树龄最大240年，生长良好。

【用　　途】种子的含油率约44%～56%，可供制肥皂及润滑油；木材赤色，坚硬，纹理密致，质匀，可作建筑、造船、茶箱和舟车等用材。

68. 龙眼 *Dimocarpus longan* Lour.

【别　　名】桂圆、圆眼

【科　　属】无患子科龙眼属

【形态特征】常绿乔木。具板根；小枝粗壮，被微柔毛，散生苍白色皮孔。一回偶数羽状复叶，小叶4～5对，很少3或6对，薄革质，长圆状椭圆形至长圆状披针形，两侧常不对称，长6～15厘米，宽2.5～5厘米。花序大型，多分枝，顶生和近枝顶腋生，密被星状毛；花瓣乳白色，披针形，与萼片近等长，仅外面被微柔毛。果近球形，直径1.2～2.5厘米，通常黄褐色或有时灰黄色，外面稍粗糙，或少有微凸的小瘤体。花期：春夏间，果期：夏季。

【分布与习性】广西、云南及广东野生或半野生于疏林中。亚洲南部和东南部常有栽培。本种在广西防城港市共有二级古树12株，三级古树433株；树高5.3～20米，胸径33.4～105厘米，树龄最大420年。

【用　　途】著名果树之一；果肉（桂圆、圆肉）有滋补强壮作用，有补心脾、益智等功效；种子含淀粉，经适当处理后，可酿酒；木材坚实，耐水湿，是造船、家具、细工等的优良材。

69. 杧果 *Mangifera indica* L.

【别　　名】芒果、马蒙、抹猛果、莽果、望果、蜜望、蜜望子、莽果

【科　　属】漆树科杧果属

【形态特征】常绿乔木。树皮灰褐色，小枝褐色，无毛。叶薄革质通常为长圆形或长圆状披针形形，长12～30厘米，宽3.5～6.5厘米，边缘皱波状，网脉不显。圆锥花序多花密集，被灰黄色微柔毛，花小黄色或淡黄色；花瓣长圆形或长圆状披针形，无毛；花盘膨大；子房斜卵形。核果大，压扁，成熟时黄色，中果皮肉质，肥厚，鲜黄色。花期：2～4月；果期4～7月。

【分布与习性】分布于广西、云南、广东、福建和台湾等。生于山坡，河谷或旷野的林中。印度、孟加拉、中南半岛和马来西亚也有分布。本种在广西防城港市共有三级古树1株；树高19米，胸径127厘米，树龄255年。

【用　　途】热带著名水果，汁多味美，亦可酿酒；果皮入药，果核疏风止咳；叶和树皮可作黄色染料；木材坚硬，耐海水，宜作舟车或家具等；良好的庭园和行道树种。

70. 扁桃 *Mangifera persiciformis* C.Y. Wu & T.L. Ming

【别　　名】扁桃芒果、扁桃杧果、唛咖、酸果、天桃木

【科　　属】漆树科杧果属

【形态特征】常绿乔木。小枝圆柱形。叶薄革质，狭披针形或线状披针形，长11～20厘米，宽2～2.8厘米，中脉两面隆起，侧脉约20对，斜升，近边缘处弧形网结，侧脉和网脉两面突起，圆锥花序顶生，单生或2～3条簇生，长10～19厘米，花黄绿色。果桃形，略压扁，长约5厘米，宽约4厘米，果肉较薄，果核大，斜卵形或菱状卵形，压扁，长约4厘米，宽约2.5厘米，具斜向凹槽，灰白色；种子近肾形。花期3～4月；果期：7～8月。

【分布与习性】分布于广西、云南和贵州。本种在广西防城港市共有二级古树3株，三级古树242株；树高9.7～39.3米，胸径41.1～181厘米，树龄最大400年，生长良好。

【用　　途】易危种，中国特有种。果可食，但果肉较薄；树干笔直，树冠略成宝塔形，为良好的庭园和行道绿化树种。

71. 五色柿 *Diospyros decandra* Lour.

【别　　名】金苹果、府树

【科　　属】柿科柿属

【形态特征】常绿乔木。树皮黑褐色；嫩枝褐色。叶近革质，长圆形，先端短渐尖，稍钝头，基部急尖，上面稍光亮，下面浅绿色或灰绿色。雄花腋生或2至数朵簇生，无梗，基部有苞片2枚；苞片对生，近卵形，两面有绒毛；花冠肥厚，4裂，裂片卵形，旋转排列，在花蕾时只露出的部分薄被绢毛。果单生叶腋或叶痕的腋，常扁球形。花期：6月；果期：10～12月。

【分布与习性】分布于广西。多生于林中或栽培于村前村后。东南亚等国家也有分布。本种在广西防城港市共有一级古树5株，二级古树6株，三级古树21株；树高10～28米，胸径49～124.1厘米，树龄最大500年，生长良好。

【用　　途】枝叶婆娑，可作园景树；枝叶及未成熟的果实含单宁。

72. 紫荆木 *Madhuca pasquieri* (Dubard) Lam

【别　　名】滇紫荆木、滇木花生、出奶木、铁色、木花生、马胡卡、海胡卡

【科　　属】山榄科紫荆木属

【形态特征】常绿乔木。树皮灰黑色，具乳汁；嫩枝密生皮孔，被锈色绒毛，后变无毛。叶互生，星散或密聚于分枝项端，革质，倒卵形或倒卵状长圆形，长6～16厘米，宽2～6厘米，边缘外卷，被锈色或灰色短柔毛，上面具深沟槽。花数朵簇生叶腋；花萼4裂，裂片卵形；花冠黄绿色。果椭圆形或小球形，基部具宿萼，先端具宿存、花后延长的花柱，果皮肥厚，被锈色绒毛，后变无毛。花期：7～9月；果期：10月～翌年1月。

【分布与习性】分布于广西、广东和云南。生于林中或风水林中。越南也有分布。在广西防城港市共有三级古树5株；树高7～31.7米，胸径82～184厘米，树龄最大160年。

【用　　途】易危种，国家II级重点保护野生植物，被《中国植物红皮书-稀有濒危植物（第一册）》和《中国物种红色名录》收录。种子含油30%，可食；木材供建筑用。

73. 糖胶树 *Alstonia scholaris* (L.) R. Br.

【别　　名】象皮树、盆架树、灯架树、黑板树、乳木、魔神树

【科　　属】夹竹桃科鸡骨常山属

【形态特征】常绿乔木。枝轮生，具乳汁，无毛。叶轮生，倒卵状长圆形、倒披针形或匙形，长7～28厘米，宽2～11厘米；花白色，多朵组成稠密的聚伞花序，顶生，被柔毛；花冠高脚碟状，中部以上膨大，内面被柔毛，裂片在花蕾时或裂片基部向左覆盖，长圆形或卵状长圆形。蓇葖2，细长，线形，长20～57厘米，外果皮近革质，灰白色，直径2～5毫米；种子长圆形，红棕色。花期：6～11月；果期：10月至翌年4月。

【分布与习性】分布于广西和云南。生于低丘陵山地疏林中、路旁或水沟边，喜湿润肥沃土壤，在水边生长良好。尼泊尔、印度、斯里兰卡、缅甸、泰国、越南、柬埔寨和印度尼西亚等也有分布。本种在广西防城港市共有二级古树1株，三级古树22株；树高11～31.7米，胸径81～184厘米，树龄最大300年。

【用　　途】根、树皮、叶均含多种生物碱，供药用；树形美观，常作行道树；乳汁丰富，可提制口香糖原料。

74. 山牡荆 *Vitex quinata* (Lour.) Will.

【别　　名】莺歌

【科　　属】马鞭草科牡荆属

【形态特征】常绿乔木。树皮灰褐色至深褐色；小枝四棱形。掌状复叶，对生，小叶片倒卵形至倒卵状椭圆形，中间小叶片长5～9厘米，宽2～4厘米，小叶柄长0.5～2厘米，两侧的小叶较小，通常全缘，表面通常有灰白色小窝点，背面有金黄色腺点。聚伞花序对生于主轴上，排成顶生圆锥花序式，密被棕黄色微柔毛，苞片线形，早落，花冠淡黄色，二唇形，下唇中间裂片较大，外面有柔毛和腺点；雄蕊4，伸出花冠外。核果球形或倒卵形，幼时绿色，成熟后呈黑色，宿萼呈圆盘状，顶端近截形。花期：5～7月；果期：8～9月。

【分布与习性】分布于广西、浙江、江西、福建、台湾、湖南和广东。生于山坡林中。日本、印度、马来西亚、菲律宾也有分布。本种在广西防城港市共有三级古树1株；树高18米，胸径140厘米，树龄210年，生长良好。

【用　　途】木材适于作桁、桶、门、窗、天花板、文具、胶合板等用材。

名木篇
FAMOUS TREES

名木是指那些稀有、名贵或具有历史价值、纪念意义的树木。通常为国内外重要的历史人物亲手种植，或与某一历史事件联系，成为一个城市或地方的一段历史记实的象征，或为当地自然分布的稀有、濒危的或表现民族风情特性的树种。

广西防城港共有名木1种14株，分布于东兴市东兴镇公园社区居委会，是越南民主共和国前主席胡志明同志1960年赠送广西防城港东兴市人民友谊公园的树木，是两国深厚友谊的历史见证树之一。

75. 非洲楝 *Khaya senegalensis* (Desr.) A. Juss.

【别　　名】非洲桃花心木、塞楝、仙加树

【科　　属】楝科非洲楝属

【形态特征】常绿乔木。幼枝具暗褐色皮孔，树皮呈鳞片状开裂。叶互生，叶轴和叶柄圆柱形，无毛；一回偶数羽状复叶，小叶近对生或互生，长圆形或长圆状椭圆形，下部小叶卵形，长7～17厘米，宽3～6厘米，叶面深绿色，背面苍绿色，干后两面稍突起，全缘。圆锥花序顶生或腋上生，短于叶，无毛；萼片4，阔卵形；花瓣4，椭圆形或长圆形；雄蕊管坛状。蒴果球形。花期：5～6月；果期：7～9月。

【分布与习性】原产非洲热带地区和马达加斯加。广西、福建、台湾、广东和海南等有栽培。喜光，喜温暖至高温湿润气候，抗风较强，不耐干旱和寒冷。本种在广西防城港市有14株；树高13～26米，胸径36～134厘米，生长良好。

【用　　途】是越南前主席胡志明同志赠送中国广西防城港东兴市人民友谊公园的树木，是两国深厚友谊的历史见证树之一。枝叶婆娑，用作庭园树和行道树；木材可作胶合板的材料；叶可作粗饲料；根可入药。

珍稀植物篇

RARE PLANTS

珍稀植物也叫珍稀濒危植物，泛指珍贵、濒危或稀有的野生植物，包括《濒危野生动植物种国际贸易公约》(Convention on International Trade in Endangered Species of Wild Fauna and Flora，CITES，1973年3月3日签订于华盛顿）附录所列物种、国家重点保护野生植物、地方（本书指广西壮族自治区）重点保护野生植物、《中国植物红皮书——稀有濒危植物》及《中国物种红色名录》中收录的植物。

广西防城港共有珍稀植物54科90属116种（表1，附录3)，以被子植物占明显优势（种数占总种数的81.03%)。其中的兰科共21属32种，分别占总属数和总种数的23.33%、27.59%。其他各科所含种数均在5种或以下。

表1　防城港珍稀植物统计表

分类群	科数	属数	种数
蕨类植物	6	7	9
裸子植物	8	11	13
被子植物	40	72	94
合计	54	90	116

在广西防城港的116种珍稀植物中，极危（CR)2种，濒危（EN)14种，易危（VU)45种，受危（NT)12种；国家I级重点保护野生植物5种，国家II级重点保护野生植物62种；广西重点保护野生植物24种；被《中国植物红皮书》收录35种；被《中国物种红色名录》收录85种；被《濒危野生动植物种国际贸易公约》(CITES)收录43种；中国特有种25种。

珍稀度说明：

极危	濒危	易危	近危	I级	II级	红皮书	红色名录	CITES	特有	广西重点

极危、濒危、易危、近危：是《中国生物多样性红色名录-高等植物卷》(2013）依据《IUCN物种红色名录等级和标准（2001年3.1版)》(IUCN Red List Categories and Criteria, Version 3.1）和《IUCN物种红色名录标准在地区水平的应用指南（2003年3.0版)》(Application of the IUCN Red List Criteria at regional levels, Version 3.0)所使用的评估等级。IUCN的等级有：绝灭（Extinct，EX)、野外绝灭（Extinct in the Wild，EW)、地区绝灭（Regional Extinct，RE)、极危（Critically Endangered, CR)、濒危（Endangered，EN)、易危（Vulnerable，VU)、近危（Near Threatened，NT)、需予关注（Least Concern，LC)、数据缺乏（Data Deficient，DD)。与珍稀度密切相关的等级为：极危、濒危、易危和近危。

I级、II级：是《国家重点保护野生植物名录》(第一批和第二批）中的保护植物的保护级别。

红皮书：是指《中国植物红皮书——稀有濒危植物》(第一册)(1992）收录的植物种类。

红色名录：是指《中国物种红色名录》(2004）收录的植物种类。

CITES：是指《濒危野生动植物种国际贸易公约》附录I、附录II和附录III收录的植物种类。

特有：是指中国特有的植物种类，部分种类为我国西南特有、广西特有。

广西重点：是指广西壮族自治区人民政府2010年公布的“广西壮族自治区人民政府关于公布广西壮族自治区第一批重点保护野生植物名录的通知”【桂政发〔2010〕17号】中收录的植物种类。

蕨类植物 Pteridophyta

76. 松叶蕨 *Psilotum nudum* (L.) Beauv.

【别　　名】松叶兰、石龙须、石刷把

【科　　属】松叶蕨科松叶蕨属

【形态特征】多年生纤细草本，株高15～80厘米。地下茎匍匐生长，仅有毛状吸收构造和假根。地上茎多直立，多回二叉分枝，小枝三棱形，翠绿色。叶为小型叶，散生，二型：不育叶鳞片状三角形，无脉；孢子叶阔卵形；孢子囊球形，生于叶腋；孢子肾形。

【分布与习性】分布于我国华南、西南和华东。附生于岩石缝隙或树干上。喜温暖、湿润和半阴的高钙环境。广布于热带和亚热带。

【珍 稀 度】易危种。

【用　　途】古生代孑遗植物，被认为是现存最古老的陆生蕨类植物。株形秀丽，茎翠绿，十分奇特，极富观赏价值，可配植于假山观赏；全草药用，有祛风湿、活血通经等作用，治跌打损伤、风湿关节痛、坐骨神经痛、经闭等。

77. 金毛狗 *Cibotium barometz* (L.) J. Sm.

【别　　名】金毛狗脊、金毛狗蕨、黄狗头、狗脊、猴头、鲸口蕨、金毛狮子、猴毛头

【科　　属】蚌壳蕨科金毛狗属

【形态特征】多年生大型草本，高达3米。根状茎粗大直立，密生金黄色长茸毛，形如金毛狗头。叶片大，长达180厘米，革质，除小羽轴两面略有褐色短毛外，余皆无毛，三回羽状复叶。孢子囊群生于小脉顶端，每裂片1～5对；囊群盖两瓣，形如蚌壳。

【分布与习性】分布广西、广东、浙江、江西、湖南、福建、台湾、海南、贵州、四川与云南等。生于山脚沟边、林下阴处等。喜阴湿酸性土壤，喜散射光。印度、缅甸、越南和马来西亚也有分布。

【珍 稀 度】国家II级重点保护野生植物；被《濒危野生动植物种国际贸易公约》（CITES）附录II收录。

【用　　途】株形飘逸，未展开之幼叶如“9”字形，根状茎上有金黄色茸毛，供观赏；根状茎含淀粉，酿酒或药用，有补肝肾、强腰膝等功效。

78. 粗齿桫椤 *Alsophila denticulata* Baker

【别　　名】粗齿黑桫椤、细齿桫椤、细齿黑桫椤

【科　　属】桫椤科桫椤属

【形态特征】多年生草本植物，植株高0.6～1.4米。主干短而横卧。叶簇生；叶柄红褐色，基部生鳞片，鳞片线形，淡棕色，边缘有疏长刚毛；叶片披针形，二回羽状至三回羽状；羽片12～16对，互生，长圆形，中部的羽片基部一对羽片稍缩短；小羽片先端短渐尖，无柄，深羽裂近达小羽轴，基部一或二对裂片分离；边缘有粗齿；叶脉分离，每裂片有小脉5～7对；羽轴红棕色，有疏的疣状突起。孢子囊群圆形，囊群盖缺；隔丝多，稍短于孢子囊。

【分布与习性】分布于广西、广东、浙江、台湾、福建、江西、湖南、香港、云南、贵州和四川等。生于山谷疏林、常绿阔叶林下及林缘沟边。日本也有分布。

【珍 稀 度】国家II级重点保护野生植物；被《濒危野生动植物种国际贸易公约》（CITES）附录II、《中国物种红色名录》收录。

【用　　途】植株茎苍叶秀，挺拔，供观赏。

79. 大叶黑桫椤 *Alsophila gigantea* Wall. ex Hook.

【别　　名】大桫椤、大黑桫椤

【科　　属】桫椤科桫椤属

【形态特征】树形蕨类，植株高2～5米，有主干，直径达20厘米。叶大，粗糙，疏被头垢状的暗棕色短毛，基部、腹面密被棕黑色鳞片；叶片三回羽裂，叶轴下部乌木色，粗糙；羽片平展，有短柄，长圆形，顶端渐尖并有浅锯齿；小羽片约25对，互生，平展，小羽轴相距2～2.5厘米，条状披针形，顶端渐尖并有浅齿，基部截形，羽裂达二分之一至四分之三，裂片12～15对；叶脉下面可见，小脉约6～7对，有时多达8～10对；叶为厚纸质。孢子囊群位于主脉与叶缘之间，排列成V字形，无囊群盖，隔丝与孢子囊等长。

【分布与习性】分布于广西、广东、海南和云南。通常生于溪沟边的密林下。日本、爪哇、马来半岛、越南、老挝、柬埔寨、缅甸、泰国、尼泊尔和印度也有分布。

【珍 稀 度】国家II级重点保护野生植物；被《濒危野生动植物种国际贸易公约》（CITES）附录II收录。

【用　　途】株形美观，具有较高的观赏价值，可用于庭院美化、家庭盆栽观赏。

80. 桫椤 *Alsophila spinulosa* (Wall. ex Hook.) Tryon

【别　　名】刺桫椤、飞天擒椤、龙骨风、大贯众

【科　　属】桫椤科桫椤属

【形态特征】树形蕨类，主茎高达10米。叶顶生，叶柄和叶轴粗壮，深棕色，有密刺。叶生于茎顶端，长达3米，三回羽裂，羽片矩圆形，长30～50厘米，小羽轴下面有疏短毛，小羽片羽裂几达小羽轴，裂片披针形，短尖头，有疏锯齿，叶脉分叉，孢子囊群生于小脉分叉点上凸起的囊托上，囊群盖近圆球形，成熟时裂开。孢子期一般为5～10月。

【分布与习性】分布于广西、广东、贵州、四川和台湾等。生于山沟溪边或林下。日本、越南、柬埔寨、泰国北部、缅甸、孟加拉国、不丹、尼泊尔和印度也有分布。

【珍 稀 度】近危种；国家II级重点保护野生植物；被《濒危野生动植物种国际贸易公约》(CITES)附录II、《中国植物红皮书——稀有濒危植物》收录。

【用　　途】起源于距今3.6亿年的古生代泥盆纪，繁盛于侏罗纪，是著名的“活化石”。株形优美，为孢子植物中少见的“树”；茎供药用，治风湿性关节痛、肾虚腰痛、跌打损伤等；茎髓心可取淀粉。

81. 黑桫椤 *Gymnosphaera podophylla* (Hook.) Copel.

【别　　名】柄叶树蕨、结脉黑桫椤、鬼桫椤

【科　　属】桫椤科黑桫椤属

【形态特征】树形蕨类，树状主干高达数米，顶部生出几片大叶。叶柄红棕色，略光亮，基部略膨大；叶片大，长2～3米，一回、二回深裂以至二回羽状，沿叶轴和羽轴上面有棕色鳞片，下面粗糙；羽片互生，斜展，柄长2.5～3厘米，长圆状披针形，长30～50厘米，中部宽10～18厘米，顶端长渐尖，有浅锯齿；小羽片约20对，互生，叶脉两边均隆起。孢子囊群圆形，着生于小脉背面近基部处，无囊群盖。

【分布与习性】分布于广西、广东、云南、福建、浙江及台湾等。生于林下，喜阴湿环境。日本和东南亚各国也有分布。

【珍 稀 度】国家II级重点保护野生植物；被《濒危野生动植物种国际贸易公约》（CITES）附录II收录。

【用　　途】树姿挺拔，叶柄红棕色，幼叶“9”字形，十分奇特，可配植于园林中的阴湿处观赏；茎干药用，治风湿骨痛。

82. 水蕨 *Ceratopteris thalictroides* (L.) Brongn.

【别　　名】水松草、岂

【科　　属】水蕨科水蕨属

【形态特征】一年生多汁水生植物，幼嫩时呈绿色，多汁柔软，由于水湿条件不同，形态差异较大，高可达70厘米。根茎短而直立，以须根固着于淤泥中。叶2型，无毛，不育叶的柄长10～40厘米，圆柱形，肉质，叶2～4回深羽裂。孢子囊沿能育叶裂片的网脉着生，稀疏，棕色，幼时为反卷的叶缘覆盖，成熟后多少张开。

【分布与习性】分布于广西、广东、台湾、福建、江西、浙江、山东、江苏、安徽、湖北、四川和云南等。生池沼、水田或水沟的淤泥中。也广布于世界热带及亚热带各地。

【珍 稀 度】易危种；国家II级重点保护野生植物。

【用　　途】叶形多变，柔软多汁，甚是美观，为优良水生观赏植物；还可以净化水体；全草药用，有明目、镇咳，化痰的功效。

81. 苏铁蕨 *Brainea insignis* (Hook.) J. Sm.

【别　　名】贯众

【科　　属】乌毛蕨科苏铁蕨属

【形态特征】多年生草本，根状茎粗短，直立，高可达1米，有圆柱状主轴，顶端密被红棕色长钻形鳞片。叶革质，多簇生；叶片长圆状披针形至卵状披针形，叶柄长15～30厘米，基部密被鳞片，向上近光滑；不育叶片长约60厘米，宽20厘米，一回羽状；羽片多数，互生或近对生，线状披针形，最长者长达12厘米，宽约1厘米，顶端长渐尖，基部心形，边缘有细密锯齿；叶脉1～2次分叉，近中脉形成网眼；能育叶与不育叶相似，但较小，长约8厘米，宽约0.4厘米，下部满布孢子囊。

【分布与习性】分布于广西、广东、福建、云南、香港等。生于山坡向阳处。喜阳光充足、排水良好的地方。印度、菲律宾等也有分布。

【珍 稀 度】易危种；国家II级重点保护野生植物。

【用　　途】虽为蕨类，但状如苏铁，供观赏；根茎药用，有清热解毒、活血散瘀等作用，治烫火伤、感冒、蛔虫病等。

84. 革舌蕨 *Scleroglossum pusillum* (Blume) Alderw.

【别　　名】厚舌蕨

【科　　属】禾叶蕨科革舌蕨属

【形态特征】附生小型蕨类。根状茎斜升，鳞片披针形，膜质，上部狭窄。叶簇生，近无柄，线状舌形，通直或稍呈镰刀状，长2～12厘米，宽3～4毫米，顶端钝或圆，下部渐狭，全缘，单叶或偶呈分叉；主脉下面下部稍明显，上面有浅沟；小脉不明显，分离，偏斜，分叉；叶厚革质，坚硬，叶下面及边缘稀疏散生有星状毛。孢子囊群深藏于稍近叶缘的沟中，只在叶片上部的1/3～1/2能育，叶缘不育部分的宽度约为中央不育部分的一半。

【分布与习性】分布于广西、台湾、海南和云南。生于阴处潮湿的树上或石头上。斯里兰卡、泰国、越南、菲律宾、马来西亚和印度尼西亚也有。

【珍 稀 度】易危种。

【用　　途】可配植于假石假山中观赏。

裸子植物Gymnosperms

85. 十万大山苏铁 *Cycas shiwandashanica* chang et Y.C.zhong

【别　　名】十万大山铁树、宽叶苏铁、绿春苏铁、元江苏铁、巴兰萨苏铁

【科　　属】苏铁科苏铁属

【形态特征】常绿木本植物，茎干圆柱形，高不足1米，直径约10厘米。叶痕宿存；鳞叶三角状披针形，叶柄长15～105厘米，具18～45对短刺，刺长0.4～0.8厘米，较为直伸，间距0.4～0.6厘米，羽片45～73对，长17～50.5厘米，宽1～2厘米，条形，深绿色，发亮，中脉两面隆起，边缘平，有时稍反卷或波状，革质，两面均无毛。雄球花窄长圆柱形，被黄褐色绒毛，小孢子叶窄楔形，长1.5～2 厘米，顶端钝或有短尖头，上部宽1厘米，背面有黄褐色绒毛；大孢子叶长8～10厘米，有黄褐色绒毛，顶片卵形至三角状卵形，长3～5厘米，宽3～6厘米，边缘篦齿状深裂，每侧有裂片4～9 条，裂片长1～4 厘米，宽0.15厘米，先端尖，顶裂片钻形，比侧裂片稍大或明显宽大，椭圆形。花期：4～5月；种子：10～11月成熟。

【分布与习性】分布于广西防城港市的低海拔山谷阔叶林下。

【珍 稀 度】濒危种；国家I级重点保护野生植物；被《濒危野生动植物种国际贸易公约》(CITES)附录II收录。

【用　　途】可作庭园观赏植物。

86. 福建柏 *Fokienia hodginsii* (Dunn) Henry et Thomas

【别　　名】建柏、滇柏、广柏、滇福建柏

【科　　属】柏科福建柏属

【形态特征】常绿乔木。树皮紫褐色，浅纵裂。生鳞叶小枝扁平圆柱形，排成一平面。鳞叶2对交互对生成节状，幼枝或萌蘖枝中央的叶长4～7毫米，上面之叶蓝绿色，下面之叶下面有白色气孔带，两侧鳞叶较大，先端尖或钝尖；成龄枝上的叶较小。球果径2～2.5厘米，熟时褐色，种子长约4毫米。花期：3～4月；种子：翌年10～11月成熟。

【分布与习性】分布于广西、浙江、福建、广东、江西、湖南、贵州、四川及云南。生于温暖湿润的山地林中，适生于酸性或强酸性黄壤、红黄壤和紫色土。越南也有分布。

【珍 稀 度】易危种；国家II级重点保护野生植物；被《中国植物红皮书——稀有濒危植物》、《中国物种红色名录》收录。

【用　　途】木材的边材淡红褐色，心材深褐色，纹理细致，坚实耐用，供房屋建筑、桥梁、土木工程及家具等用材，是我国南方一些省（区）的重要用材树种；树形优美，供庭园观赏；有较强的抗风能力，可以用作保持水土，抗击台风的有效树种。

87. 长叶竹柏 *Nageia fleuryi* (Hickel) de Laubenf.

【别　　名】大叶竹柏

【科　　属】罗汉松科竹柏属

【形态特征】常绿乔木。树皮褐色，平滑，薄片状脱落；小枝绿色，间或灰褐色。叶对生，厚革质，宽披针形或椭圆状披针形，无中脉，有多数并列细脉，长8～18厘米，宽2.2～5厘米，上部渐窄，先端渐尖，基部楔形，窄成扁平短柄。雌雄异株，雄球花状，常3～6穗簇生叶腋，有梗，梗上有数枚苞片，上部苞腋着生1或2～3个胚株，仅一枚发育成种子，苞片不变成肉质种托。种子圆球形，熟时假种皮蓝紫色，径1.5～1.8厘米，梗长2.3～2.8厘米。3～4月开花，10～11月种子成熟。

【分布与习性】分布于广西、广东、云南和海南。生于山地林中。中性偏阴树种，在林冠蔽下能正常生长，在土层深厚、疏松、湿润、多腐殖质的砂壤土或轻粘土上，生长较为迅速。越南和柬埔寨也有分布。

【珍 稀 度】广西重点保护野生植物；被《中国植物红皮书——稀有濒危植物》、《中国物种红色名录》收录。

【用　　途】木材纹理直，结构细而均匀，材质较软轻，切面光滑，不开裂、不变形，为高级建筑、上等家具、乐器、器具、雕刻等用材；种子含油量30%，为不干性油；树形美观，可为庭园绿化树种。

88. 竹柏 *Nageia nagi* (Thunb.) Kuntze

【别　　名】铁甲树、铁甲子、猪肝树、宝芳、大果竹柏

【科　　属】罗汉松科竹柏属

【形态特征】常绿乔木。枝条开展，树冠广圆锥形，树皮呈小块薄片状脱落，红褐色或暗紫红色。叶对生或近对生，长卵形、卵状披针形或针状椭圆形，长3.5～9厘米，宽1.5～2.5厘米，革质，深绿色，有光泽，具多数平行细脉，无中脉。雄球花穗状圆柱形，常呈分枝状，雌球花单生叶腋，稀成对腋生。种子球形，熟时暗紫色，有白粉，外种皮骨质。花期：3～4月；种子：10月成熟。

【分布与习性】分布于南岭山地及以南地区的常绿阔叶林中。生于阔叶林中。日本也有分布。

【珍 稀 度】濒危种；被《中国物种红色名录》收录。

【用　　途】边材淡黄白色，心材色暗，纹理直，结构细，硬度适中，易加工，耐久用，为优良的建筑、造船、家具、器具及工艺用材；种仁油供食用及工业用油；四季常绿，树冠浓密，优良观赏植物。

89. 百日青 *Podocarpus neriifolius* D. Don

【别　　名】璎珞松、竹叶松、桃柏松、缨珞柏、竹柏松、油松、白松、大叶竹柏松

【科　　属】罗汉松科罗汉松属

【形态特征】常绿乔木。叶螺旋状着生，厚革质，条状披针形，常微弯，长7～15厘米，宽9～13毫米，上部渐窄，先端渐尖，基部渐窄成短柄，上面微有光泽，中脉明显隆起，无侧脉；下面中脉微隆起或近平。雄球花穗状，单生或2～3簇生叶腋，有短梗。种子单生叶腋，卵球形，熟时肉质套被紫红色，着生于肉质种托上，种托橙红色。花期：5月；种子：10～11月成熟。

【分布与习性】分布于我国亚热带至热带地区，南达海南，西至西藏。散生于低海拔常绿阔叶林中。越南、缅甸、印度、尼泊尔、印度尼西亚也有。

【珍 稀 度】易危种；广西重点保护野生植物；被《濒危野生动植物种国际贸易公约》（CITES）附录II、《中国物种红色名录》收录。

【用　　途】材质优良，木材坚韧，硬度中等，可作乐器、雕刻、建筑、家具等用；树姿优美，四季常绿，供庭园观赏。

90. 西双版纳粗榧 *Cephalotaxus mannii* Hook.f.

【别　　名】海南粗榧、红壳、薄叶篦子杉、印度三尖杉、藏杉

【科　　属】三尖杉科三尖杉属

【形态特征】常绿乔木。树皮通常浅褐色或褐色，稀黄褐色或红紫色，裂成片状脱落。叶条形，排成两列，通常质地较薄，向上微弯或直，长3～4厘米，宽2.5～4毫米，基部圆截形，稀圆形，先端微急尖、急尖或近渐尖，干后边缘向下反曲，上面中脉隆起，下面有2条白色气孔带。种子通常微扁，倒卵状椭圆形或倒卵圆形，顶端有凸起的小尖头，成熟前假种皮绿色，熟后常呈红色。花期：2～3月；种子：8～10月成熟。

【分布与习性】分布于广西、广东、云南和西藏等。喜温暖、湿润气候，散生于山地雨林沟谷、溪涧旁或山坡，气候湿润，要求荫蔽、气温变化小，深厚肥沃的土壤。印度、越南和缅甸等也有分布。

【珍 稀 度】濒危种；国家Ⅰ级重点保护野生植物；广西重点保护野生植物；被《中国植物红皮书——稀有濒危植物》、《中国物种红色名录》收录。

【用　　途】木材坚实，纹理细密，可供建筑、家具、器具及农具等用材。枝、叶、种子可提取多种植物碱，对治疗白血病及淋巴肿瘤等有一定的疗效。

91. 穗花杉 *Amentotaxus argotaenia* (Hance) Pilger

【别　　名】硬壳虫、杉枣、华西穗花杉

【科　　属】红豆杉科穗花杉属

【形态特征】常绿乔木。树皮灰褐色或红褐色，成片状脱落；小枝对生或近对生，芽鳞交互对生，宿存于小枝基部。叶对生，排成2列，具短柄，线状披针形，长3～11厘米，宽6～11毫米，质地厚，革质，直或微曲，上面深绿色，下面有与绿色边带等宽或近等宽的粉白色气孔带。雌雄异株，雄球花排成穗状；雌球花生于当年生枝的叶腋或苞腋。种子椭圆形，成熟时假种皮鲜红色。花期：4月；种子：10月成熟。

【分布与习性】分布于广西、广东、江西、湖北、湖南和香港等。生于山地林中。喜温凉潮湿、雨量充沛、光照较弱环境。

【珍 稀 度】中国特有种；广西重点保护野生植物；被《中国植物红皮书——稀有濒危植物》、《中国物种红色名录》收录。

【用　　途】木材质地细密，可供雕刻、器具、农具及细木加工等用；叶常绿，上面深绿色，下面有明显的白色气孔带，种子熟时假种皮红色、下垂，极富美感，可用于庭园观赏。

92. 罗浮买麻藤 *Gnetum lofuense* C. Y. Cheng

【别　　名】乌木蛇、大春根、大春藤、胶播只

【科　　属】买麻藤科买麻藤属

【形态特征】常绿木质藤本。枝茎圆或扁圆，茎皮紫棕色，有膨大的结。叶对生，革质，距圆状椭圆形或距圆状披针形，长10～20厘米，宽4.5～11厘米；先端短渐尖，基部近圆形或宽楔形，侧脉明显，由中脉近平展伸出。雌雄异株，球花排成穗状花序，腋生或顶生，雄球花序1～2回三出分枝；雌球花序单生或簇生，有3～4对分枝。种子核果状，矩圆状椭圆形或长卵形，长1.4～2厘米，熟时假种皮黄褐色或红褐色或被银色鳞斑。花期：6～7月；种子：8～9月成熟。

【分布与习性】分布于广西、广东、福建、云南和江西。生于林中，缠绕于树上。

【珍 稀 度】中国特有种；被《中国物种红色名录》收录。

【用　　途】叶色青翠，果多且大，为良好的垂直绿化植物，可配植于花架、走廊、墙栏等地；茎可编绳；茎叶药用，有祛风除湿、活血接骨、行气健胃、散瘀止痛、化痰等作用，治腰腿痛、骨折、跌打损伤、支气管炎、溃疡出血、蛇伤等。

93. 小叶买麻藤 *Gnetum parvifolium* C. Y. Cheng ex Chun

【别　　名】乌蛇根、脱节藤、细样买麻藤、接骨草、竹节藤、大节藤、木花生、古歪藤

【科　　属】买麻藤科买麻藤属

【形态特征】缠绕藤本，长4～12米。单叶，对生，革质，椭圆形，窄长椭圆形或长倒卵形，长4～10厘米，宽2.5厘米。雄球花序不分枝或一次分枝，分枝三出或成两对；雌球花序多生于老枝上，一次三出分枝。种子假种皮红色，长椭圆形或窄矩圆状倒卵圆形，径约1厘米，先端常有小尖头。花期：6～8月；种子：8～10月成熟。

【分布与习性】分布于广西、福建、广东和湖南等。生于海拔较低的干燥平地或湿润谷地的森林中，缠绕在大树上。越南也有分布。

【珍 稀 度】被《中国物种红色名录》收录。

【用　　途】生长茂盛，蔓性强，可在庭园小径、门前、院落等布置走廊、棚架或拱顶；茎皮纤维质地坚韧，性能良好，可作编制绳索的原料；种子炒后可食，也可榨油供食用；全株药用，有祛风活血、消肿止痛、化痰止咳等作用，用于风湿性关节炎、筋骨酸软、蛇伤、跌打损伤和骨折等。

被子植物Angiosperms

94. 香港木兰 *Magnolia championii* Benth.

【别　　名】香港玉兰

【科　　属】木兰科木兰属

【形态特征】常绿灌木或小乔木。幼枝绿色，有托叶环痕。单叶，互生，椭圆形、狭长圆状椭圆形或狭倒卵状椭圆形，长7～20厘米，宽2～6.5厘米，羽状脉，全缘。花单生枝顶，芳香，花被片9，外轮3片淡绿色，长圆状椭圆形，长3.5～4厘米，宽约2厘米；内两轮白色，倒卵形，肉质，长2～2.5厘米，宽约1.5厘米，顶端有时凹缺。聚合果长3～4厘米。花期：5～6月；果期：9～10月。

【分布与习性】分布于广西、广东、香港和海南。生于低海拔山地常绿阔叶林中或灌丛中。

【珍 稀 度】濒危种；被《中国物种红色名录》收录。

【用　　途】四季常绿，花白味香，供观赏。

94. 红花木莲 *Manglietia insignis* (Wall.) Bl.

【别　　名】显著木莲、木莲花、小叶子厚朴

【科　　属】木兰科木莲属

【形态特征】常绿乔木，高达30米，胸径40～60厘米。枝灰褐色，有明显的托叶环状纹和皮孔，幼枝被锈色或黄褐色柔毛，后变无毛。叶革质，倒披针形或长圆状椭圆形，长10～26厘米，宽4～10厘米，先端渐尖，基部楔形，全缘，上面绿色，下面苍绿色，中脉具柔毛，侧脉12～24对，有托叶痕。花单生枝顶，芳香；花被片黄绿色，腹面带红色，中内轮淡红或黄白色，雌蕊群圆柱形。聚合果卵状长圆形，成熟时深紫红色，外面有瘤状凸起。果实成熟后，沿背缝开裂，露出红色种子。花期：5～6月；果期：8～9月。

【分布与习性】分布于广西、湖南、云南、贵州等。生于山地林间。喜湿凉湿润，雨量充沛，日照较少的环境。尼泊尔、越南、印度和缅甸也有分布。

【珍 稀 度】近危种；广西重点保护野生植物；被《中国植物红皮书——稀有濒危植物》、《中国物种红色名录》收录。

【用　　途】木材为家具、建筑等优良用材；花色美丽，可作庭园观赏树种。

96. 香子含笑 *Michelia gioi* (A. Chev.) Sima et H. Yu

【别　　名】香籽含笑、香子楠、香籽楠、黑枝苦梓

【科　　属】木兰科含笑属

【形态特征】常绿乔木，高达40米，胸径80厘米。小枝黑色，老枝浅褐色，疏生皮孔。叶揉碎有八角气味，薄革质，倒卵形或椭圆状倒卵形，长6～13厘米，宽5～5.5厘米，两面鲜绿色，有光泽，侧脉每边8～10条；叶柄长1～2厘米。花芳香，花被片9，3轮；雌蕊群卵圆形，心皮约10枚。聚合果果梗较粗，长1.5～2厘米，雌蕊群柄果时增长至2～3厘米；蓇葖椭圆体形，密生皮孔，顶端具短尖，基部收缩成柄，果瓣质厚，熟时向外反卷，露出白色内皮；种子1～4。花期：3～4月；果期：9～10月。

【分布与习性】分布于广西、海南和云南。生于山坡、沟谷林中。喜酸性或微酸性的砖红壤或黄壤，幼苗稍耐阴，成年树较喜光。

【珍稀度】濒危种；中国特有种；国家II级重点保护野生植物，广西重点保护野生植物，被《中国植物红皮书——稀有濒危植物》、《中国物种红色名录》收录。

【用　　途】树冠宽广，树干挺拔，枝繁叶茂，为优良庭园观赏植物。

97. 乐东拟单性木兰 *Parakmeria lotungensis*(Chun et C. Tsoong)Law

【别　　名】乐东木兰、隆楠

【科　　属】木兰科拟单性木兰属

【形态特征】常绿乔木，高达30米，胸径30厘米。树皮灰白色；当年生枝绿色。叶革质，狭倒卵状椭圆形、倒卵状椭圆形或狭椭圆形，长6～11厘米，宽2～5厘米，先端尖而尖头钝，基部楔形；上面深绿色有光泽；侧脉每边9～13条。花杂性；雄花：花被片9～14，外轮3～4片浅黄色，倒卵状长圆形，内2～3轮白色，较狭小；雄蕊多数。聚合果卵状长圆形体或椭圆状卵圆形；种子椭圆形或三角状卵圆形，外种皮红色。花期：4～5月；果期：8～9月。

【分布与习性】分布于广西、广东、福建、江西、湖南、贵州和海南。生于林中。喜光，喜温暖湿润气候，能抗41℃的高温和耐-12℃的严寒，喜土层深厚、肥沃、排水良好的土壤，在酸性、中性和微碱性土壤中都能正常生长。

【珍稀度】易危种；中国特有种；国家II级重点保护野生植物；广西重点保护野生植物；被《中国植物红皮书——稀有濒危植物》、《中国物种红色名录》收录。

【用　　途】树干通直，叶色翠绿，花大色美，为优良观赏植物；木材供建筑、家具等用。

98. 观光木 *Tsoongiodendron odorum* Chun

【别　　名】香花木、宿轴木兰

【科　　属】木兰科观光木属

【形态特征】常绿乔木，高达25米。树皮淡灰褐色，具深皱纹；小枝、芽、叶柄、叶面中脉和叶背均被黄棕色糙状毛。叶厚膜质，倒卵状椭圆形，中上部较宽，长8～17厘米，宽3.5～7厘米，顶端急尖或钝，基部楔形，上面绿色，有光泽，侧脉每边10～12条；托叶痕几达叶柄中部。花被片象牙黄色，有红色小斑点，倒卵状椭圆形。聚合果长椭圆体形，有时上部的心皮退化而呈球形；种子红色。花期：3～4月；果期：8～12月。

【分布与习性】分布于广西、广东、福建、江西、湖南、贵州、云南和海南等。生于林中。弱阳性树种，对温度的适应幅度较宽，但要求湿润气候，土壤为红壤、赤红壤或黄壤，酸性。幼龄耐阴，成长后喜光。越南也有分布。

【珍稀度】易危种；广西特有植物；被《中国植物红皮书——稀有濒危植物》、《中国物种红色名录》收录。

【用　　途】为我国华南植物研究所所长陈焕镛教授为纪念我国早期的植物学家钟观光先生而命名的植物。树干挺直，枝叶稠密，花象牙黄色，芳香，聚合果硕大（单果重达500～750克），形状奇特，种子红色，是优良的庭园观赏及行道树种；也是芳香植物和用材树种。

99. 黑老虎 *Kadsura coccinea* (Lem.) A. C. Smith

【别　　名】冷饭团、绯红南五味、大叶冷饭团、臭饭团、过山龙藤、大鸡角过、娘饭团

【科　　属】五味子科南五味子属

【形态特征】藤本。单叶，互生，厚革质，长椭圆形至卵状披针形，长8～17厘米，宽3～8厘米，先端骤尖或短渐尖，基部楔形至钝，全缘，侧脉每边6～7条。花红色或黄色而略带红色，单生叶腋内，花梗短于3厘米。聚合果近球形，熟时红色或黑紫色，直径通常在6～10厘米或更大；种子卵形。花期：4～7月；果期：8～10月。

【分布与习性】分布于广西、四川、江西、湖南、云南、贵州和广东。生于林中。越南也分布。

【珍 稀 度】易危种。

【用　　途】果熟时味甜可食，为优良野生水果；根药用，有行气活血、消肿止痛作用。

100. 天堂瓜馥木 *Fissistigma tientangense* Tsiang et P. T. Li

【别　　名】天堂瓜木、黄毛瓜馥木

【科　　属】番荔枝科瓜馥木属

【形态特征】攀援灌木，长达9米。小枝密被黄灰色柔毛，老渐无毛。叶革质，长圆形至椭圆状长圆形，长8.5～17.5厘米，宽3.2～6厘米，两端圆形，或顶端微凹，叶背被黄灰色柔毛；侧脉每边16～18条，弯拱上升近叶缘网结，上面凹陷，下面凸起。花黄白色，1～4朵组成圆锥花序与叶对生，花序被黄灰色柔毛；花蕾长圆锥状，顶部渐尖，长2.5厘米，直径8毫米；萼片三角形；外轮花瓣长圆状披针形，长2.5厘米，宽8毫米，内轮花瓣狭披针形，长2.3厘米，宽6毫米。果圆球状，直径1.6厘米，密被黄色柔毛；果柄长3厘米。花期：11月至翌年春季；果期：12月至翌年7月。

【分布与习性】分布于广西。生于山谷林中。

【珍　稀　度】濒危种；中国（广西）特有种。

【用　　途】植株的黄色柔毛极富野趣，供观赏。

101. 蕉木 *Oncodostigma hainanense* (Merr.) Tsiang et P. T. Li

【别　　名】山蕉、海南山指甲、钱木、钱氏木

【科　　属】番荔枝科蕉木属

【形态特征】常绿乔木，高达16米，胸径达50厘米。小枝具不规则纵条纹，初被锈色柔毛。叶薄纸质，长圆形或长圆状披针形，长6～10厘米，宽2～3.5厘米，顶端短渐尖，基部圆形；中脉上面凹陷，下面凸起，侧脉每边6～10条；叶柄长4～5毫米。花黄绿色，直径约1.5厘米，1～2朵腋生或腋外生；花梗基部有小苞片；小苞片卵圆形；萼片卵圆状三角形；外轮花瓣长卵圆形，内轮花瓣略厚而短。果圆筒状或倒卵圆形，长2～5厘米，直径2～2.5厘米，外果皮有凸起纵脊。花期：4～12月；果期：冬季至翌年春季。

【分布与习性】分布于广西、广东和海南。生于山坡下部、沟谷、溪旁等。喜高温阴湿环境。

【珍　稀　度】濒危种；中国特有种；国家II级重点保护野生植物；广西重点保护野生植物；被《中国植物红皮书——稀有濒危植物》、《中国物种红色名录》收录。

【用　　途】树姿优美，枝叶婆娑，可作园景树，也可修剪造型。

102. 大叶风吹楠 *Horsfieldia kingii* (Hook. f.) Warb.

【别　　名】海南风吹楠、海南荷斯菲木、海南霍而飞、水枇杷

【科　　属】肉豆蔻科风吹楠属

【形态特征】常绿乔木，高9～15米，胸径20～30厘米。小枝密被锈色星状毛，老枝棕褐色，无毛，被稀疏的卵形皮孔。叶坚纸质至近革质，易折碎，长圆状卵圆形至长圆状宽披针形，长12～30厘米，宽5～12厘米，先端短渐尖，基部楔形，幼叶背面密被锈色颗粒状星状柔毛，老时无毛或近无毛；侧脉12～18对，表面略显，背面隆起。雄花序腋生或从落叶腋部生出，总状花序式圆锥花序，幼时密被锈色星状柔毛，老时渐疏；小花密集。果单生，黄色，椭圆形，长约4.5厘米，直径2.5～3厘米。花期：5～8月；果期：7～11月。

【分布与习性】分布于广西、云南和海南。生于低海拔山谷或溪涧阴湿林中。喜温暖湿润气候。印度东北部和孟加拉也有分布。

【珍 稀 度】易危种；国家II级重点保护野生植物；被《中国植物红皮书——稀有濒危植物》;《中国物种红色名录》收录。

【用　　途】树干挺拔，枝叶茂密，可作园景树、行道树。

103. 土沉香 *Aquilaria sinensis* (Lour.) Spreng

【别　　名】白土香、沉香、莞香、女儿香、牙香树、女儿香

【科　　属】瑞香科沉香属

【形态特征】常绿乔木，高达20米，胸径达90厘米。树皮暗灰色，平滑，纤维坚韧；小枝圆柱形，红褐色，幼时疏被柔毛，后逐渐脱落。叶革质，圆形、椭圆形至长卵形，长5～9厘米，宽2.8～6厘米，先端锐尖，基部楔形；侧脉每边15～20条，小脉纤细。伞形花序顶生或腋生；花芳香，黄绿色，被柔毛；花萼浅钟状；花瓣10，鳞片状，密被毛。3～5月开花。蒴果倒卵圆形，木质，长2～3厘米，径约2厘米，顶端具短尖头，基部收缩，被短柔毛。花期：春夏；果期：夏秋。

【分布与习性】分布于广西、广东、福建、台湾、海南和云南。多生于山地雨林或半常绿季雨林中。喜土层厚、腐殖质多的湿润而疏松的砖红壤或山地黄壤，喜高温、多雨、湿润气候。

【珍 稀 度】易危种；中国特有种；国家II级重点保护野生植物；被《濒危野生动植物种国际贸易公约》(CITES)附录II、《中国植物红皮书——稀有濒危植物》、《中国物种红色名录》收录。

【用　　途】老茎受伤后所积得的树脂，俗称沉香，可作香料原料，并为治胃病特效药；树皮纤维柔韧，色白而细致，可做高级纸原料及人造棉；木质部可提取芳香油，花可制浸膏；枝叶浓密，叶厚而光亮，果形和种子奇特，可作庭园观赏树。

104. 海南大风子 *Hydnocarpus hainanensis* (Merr.) Sleum.

【别　　名】大风子、麻风子、尾加木、龙角、高根、乌壳子、海南麻风树

【科　　属】大风子科大风子属

【形态特征】常绿乔木，高达16米，胸径达50厘米。树皮灰褐色；大枝平展呈蛇走状；小枝圆柱形，稍向上斜伸，无毛。叶互生，薄革质，长圆形，长9～19厘米，宽3～6厘米，先端短渐尖，有钝头，基部楔形，边缘具不规则的浅波状锯齿，两面无毛；侧脉7～8对，网脉明显；叶柄无毛。花15～20朵，总状花序，长1.5～2.5厘米，腋生或顶生；花序梗短，无毛；萼片4，椭圆形，无毛；花瓣4，肾状卵形，边缘有睫毛。浆果球形，直径4～6厘米，果皮革质，密被棕褐色茸毛。花期：春末～夏季；果期：夏季～秋季。

【分布与习性】分布于广西和海南。生于低山丘陵地区的林中。喜褐色棕红壤或山地红壤。越南也有分布。

【珍稀度】易危种；国家II级重点保护野生植物；被《中国植物红皮书——稀有濒危植物》、《中国物种红色名录》收录。

【用　　途】枝条纤细飘逸，常见“之”字形，可作庭荫树及园景树。

105. 金平秋海棠 *Begonia baviensis* Gagnep.

【别　　名】红毛秋海棠

【科　　属】秋海棠科秋海棠属

【形态特征】多年生草本，高约50或超过50厘米。茎密被粗糙红褐色卷曲长硬毛，节明显膨大。叶互生，叶片两侧略不相等，轮廓扁圆形或近圆形，长15～22厘米，宽12～24厘米，先端渐尖，基部微心形，边缘5～7浅裂，裂片不等大，上面褐绿色，被散生硬毛，下面色淡，亦被散生硬毛，沿脉较密，掌状6～7条脉，在下面明显突起；叶柄长4～11厘米，密被锈褐色卷曲长毛。花2～4朵；花序梗长10～15厘米，密被褐色长卷曲毛。蒴果下垂，梗长2.2～2.6厘米，密被褐色卷曲长硬毛；轮廓倒卵长圆形，长1.5～1.8厘米，直径7～9毫米，被褐色卷曲长毛，3翅不等大；种子极多数。花期：10月～翌年4月；果期：4～8月。

【分布与习性】分布于广西和云南。生于山谷阴湿水边或密林下阴湿处。越南也有分布。

【珍 稀 度】近危种。

【用　　途】毛色奇特，可盆栽观赏。

106. 防城茶 *Camellia fangchengensis* S.Y. Liang et Y.C. Zheng

【别　　名】陆川大果茶

【科　　属】山茶科山茶属

【形态特征】常绿小乔木，高3～5米。顶芽被柔毛。叶薄革质，椭圆形，长13～29厘米，宽5.5～12.5厘米，先端短急尖或钝，基部阔楔形或略圆，上面深绿色，干后黄绿色，下面浅绿色；侧脉11～17对，边缘有细锯齿。叶柄长3～10毫米。花白色，直径2～3.5厘米，生于叶腋；萼片5，近圆形；花瓣5，卵圆形或倒卵形；雄蕊多数，外轮花丝长约1厘米，基部稍合生。蒴果三角状扁球形，宽1.8～3.2厘米。种子每室1个。花期：11月至翌年2月。

【分布与习性】分布于广西防城华石乡那湾。生于山谷次生林。

【珍 稀 度】近危种；中国（广西）特有种；国家II级重点保护野生植物；广西重点保护野生植物；被《中国物种红色名录》收录。

【用　　途】叶含有多种有益成分，并有保健功效。

107. 淡黄金花茶 *Camellia flavida* H. T. Chang

【别　　名】浅黄金花茶、淡黄金茶花

【科　　属】山茶科山茶属

【形态特征】常绿灌木，高3米。嫩枝无毛。单叶，互生，革质，长圆形或椭圆形，长8～10厘米，宽3～4.5厘米，先端渐尖，基部阔楔形，侧脉6～7对，在上面略陷下，在下面突起，网脉在下面明显，边缘有细锯齿；叶柄6～8毫米，无毛。花顶生，花柄长1～2毫米；苞片4～5片，半圆形；萼片5，近圆形；花瓣8，倒卵圆形，淡黄色，长约1.5厘米，无毛；雄蕊离生，无毛。蒴果球形，直径1.7厘米，1室，有种子1粒，果壳2爿裂开。厚1～1.5毫米，种子圆球形，宽1.3厘米；有宿存萼片及苞片。花期：1～9月；果期：11～12月。

【分布与习性】分布于广西。生于石灰岩地区。

【珍 稀 度】濒危种；中国特有种；广西重点保护野生植物；国家II级重点保护野生植物；被《中国物种红色名录》收录。

【用　　途】花淡黄色，叶质厚而无毛，供观赏。

108. 金花茶 *Camellia petelotii* (Merr.) Sealy

【别　　名】光亮山茶、黄色连蕊山茶

【科　　属】山茶科山茶属

【形态特征】常绿灌木至小乔木。树皮灰白色或灰褐色，平滑；嫩枝淡紫色，无毛。叶革质，狭长圆形、倒卵太长圆形或披针形，长11～21厘米，宽2.5～6.5厘米，先端尾状渐尖，基部楔形，上面深绿色，有光泽，下面浅绿色，两面无毛。花单生或2朵聚生，直径3.5～6厘米，花梗长5～13毫米；花瓣金黄色，肉质，具蜡质光泽，近圆形，花丝长12～20毫米，黄白色，疏被短柔毛，花药椭圆形，金黄色。每年7～8月出现花蕾。蒴果三棱状扁球形或四棱状扁球形，直径4.5～6.5厘米，成熟时黄绿色或带淡紫色。花期：11月至翌年3月；果期：翌年8～11月。

【分布与习性】分布于广西。散生于北热带季雨林或南亚热带常绿阔叶林下。阴性树种，喜温、好湿、耐阴、忌强光照射。越南也有分布。

【珍 稀 度】易危种；国家II级重点保护野生植物；广西重点保护野生植物；被《中国植物红皮书——稀有濒危植物》、《中国物种红色名录》收录。金花茶在2003年的防城港市人大三届一次会议上被确定为防城港市市花；2009年防城区被中国经济林协会命名为“中国金花茶之乡”。

【用　　途】树姿优美，叶色翠绿，花色金黄，为稀有和名贵花木，被誉为“茶族皇后”，为优良观花园景树。

109. 紫茎 *Stewartia sinensis* Rehd. et Wils.

【别　　名】马骝光

【科　　属】山茶科紫茎属

【形态特征】落叶小乔木，树皮灰黄色，嫩枝无毛或有疏毛，冬芽苞约7片。叶纸质，椭圆形或卵状椭圆形，长6～10厘米，宽2～4厘米，先端渐尖，基部楔形，边缘有粗齿，侧脉7～10对，下面叶腋常有簇生毛丛，叶柄长1厘米。花单生，直径4～5厘米；苞片长卵形，长2～2.5厘米，宽1～1.2厘米；萼片5，基部连生，长卵形，长1～2厘米，先端尖，基部有毛；花瓣白色，阔卵形，长2.5～3厘米。蒴果卵圆形，先端尖，宽1.5～2厘米。种子长1厘米，有窄翅。花期：6月；果期：9～10月。

【分布与习性】分布于广西、四川、安徽、江西、浙江和湖北。生于林中。

【珍 稀 度】中国特有种；广西重点保护野生植物；国家II级重点保护野生植物；被《中国植物红皮书——稀有濒危植物》、《中国物种红色名录》收录。

【用　　途】木材供建筑、家具等用。

110. 阔叶猕猴桃 *Actinidia latifolia* (Gardn. et Champ.) Merr.

【别　　名】多花猕猴桃、多果猕猴桃

【科　　属】猕猴桃科猕猴桃属

【形态特征】藤本；幼枝及叶柄疏生灰褐色短柔毛，老枝变无毛；髓白色，片状。叶片厚纸质，宽卵形至矩圆状披针形，长6～16厘米，宽4～10厘米，顶端急尖至渐尖，基部圆形或微心形，老时上面光滑（有时有短毛），下面有较密的灰白色或灰褐色星状毛。花小，直径约8毫米，黄色，有多数花组成聚伞花序；花被5数，萼片及花柄有短绒毛；雄蕊多数；花柱丝状，多数。浆果近圆形或矩圆形，成熟时无毛，有斑点。花期：5～6月；果期：9～11月。

【分布与习性】分布于广西、四川、云南、贵州、安徽、浙江、台湾、福建、江西、湖南和广东等。生于山地的山谷或山沟地带的灌丛中或森林迹地上。越南、老挝、柬埔寨和马来西亚等也有分布。

【珍 稀 度】国家II级重点保护野生植物。

【用　　途】果熟时可生食；蔓性强，果实奇特，可作庭园观赏；茎叶药用可治咽喉肿痛、湿热腹泻等。

111. 锯叶竹节树 *Carallia pectinifolia* W. C. Ko

【别　　名】蓖齿竹节树

【科　　属】红树科竹节树属

【形态特征】常绿乔木。树皮灰色；枝和小枝有明显而不规则的木栓质的皮孔。叶矩圆形，长8.5～11厘米，宽2.5～3厘米，顶端渐尖或短渐尖，基部楔形，边缘全部具篦状锯齿；叶柄带褐色。花序二歧分枝，有粗壮而长5毫米的总花梗；花萼圆形，7裂，裂片三角状卵形；花瓣玫瑰红色，为花萼裂片的2倍，2轮排列，外轮与花萼裂片互生，芽时短于萼，近四方状卵形，基部近心形，有极短而细小的柄，内轮着生于萼片上，比外轮小；雄蕊14或7，生于花瓣上，如仅7枚时则内轮花瓣上无雄蕊，花药矩圆形，两端钝形；花柱短于花萼，柱头盘状，4浅裂。花期：秋末冬初；果期：翌年2～5月。

【分布与习性】分布于广西与广东。生于林中。越南也有分布。

【珍 稀 度】濒危种；广西重点保护野生植物；被《中国植物红皮书——稀有濒危植物》、《中国物种红色名录》收录。

【用　　途】数量稀少，已陷入濒临灭绝境地，对研究该属的分类、演化有一定的意义；锯齿奇特，供观赏。

112. 薄叶红厚壳 *Calophyllum membranaceum* Gardn. & Champ.

【别　　名】薄叶胡桐、横经席、小果海棠木、独筋猪尾、跌打将军

【科　　属】藤黄科红厚壳属

【形态特征】常绿灌木至小乔木。小枝四棱形，常具狭翅。单叶，对生，薄革质，长圆形、椭圆形或披针形，长6～12厘米，宽1.5～3.5厘米，全缘，两面有光泽，中脉两面凸起，侧脉多数纤细，直达叶缘。花两性，白色，略带微红。核果椭圆形、卵形，长1.6～2厘米，顶端具短尖头，熟时黄色。花期：3～5月；果期：8～12月。

【分布与习性】分布于广西、广东、香港和海南。生于次生林中。越南也有。

【珍 稀 度】易危种。

【用　　途】根、叶药用，有壮腰补肾、祛风除湿、收敛生肌等作用；木材可做小木工；侧脉多而纤细，果大而黄色，可作庭园观赏植物。

113. 绢毛杜英 *Elaeocarpus nitentifolius* Merr. et Chun

【别　　名】亮毛杜英

【科　　属】杜英科杜英属

【形态特征】常绿乔木，高20米。嫩枝被银灰色绢毛。单叶，互生，革质，椭圆形，长8～15厘米，宽3.5～7.5厘米，先端急尖，尖头长1～1.5厘米，基部阔楔形，初时两面有绢毛，不久上面变秃净，干后深绿色，发亮，下面有银灰色绢毛，有时脱落变秃净，侧脉6～8对，与网脉在上面能见，在下面突起，边缘密生小钝齿；叶柄长2～4厘米，被绢毛，稍纤细。总状花序生于当年枝的叶腋内；花杂性；萼片4～5片；花瓣4～5片。核果，椭圆形，长1.5～2厘米，宽8～11毫米。花期：4～5月；果期：6～8月。

【分布与习性】分布于广西、海南、广东和云南。生长于低海拔的常绿林中。越南也有分布。

【珍 稀 度】易危种。

【用　　途】枝及叶有银灰色绢毛，尤其是嫩芽和嫩叶，其银灰色绢毛尤其显著而特别，树冠常有零星红叶，为优良观赏植物；木材供家具、建筑等用，也可以培养香菇等。

114. 翻白叶树 *Pterospermum heterophyllum* Hance

【别　　名】半枫荷、异叶翅子木、异叶翅子树

【科　　属】梧桐科翅子树属

【形态特征】常绿乔木，高达20米。树皮灰色或灰褐色；小枝被黄褐色短柔毛。叶二型，生于幼树或萌蘖枝上的叶盾形，直径约15厘米，掌状3～5裂，基部截形而略近半圆形，下面密被黄褐色星状短柔毛；叶柄长12厘米；生于成长的树上的叶矩圆形至卵状矩圆形，长7～15厘米，宽3～10厘米，顶端钝、急尖或渐尖，基部钝、截形或斜心形，下面密被黄褐色短柔毛；叶柄长1～2厘米。花单生或2～4朵组成腋生的聚伞花序；花青白色。蒴果木质，矩圆状卵形，长约6厘米，宽2～2.5厘米，被黄褐色绒毛，顶端钝，基部渐狭。花期：6～9月；果期：9～12月。

【分布与习性】分布于广西、广东、海南和福建。生于林中。

【珍 稀 度】近危种，中国特有种。

【用　　途】树干通直，叶片两面异色，叶形多变，为优良的园景树及庭荫树；根药用，能祛风除湿、舒筋活血和消肿止痛；枝皮可剥取以编绳；也可以放养紫胶虫。

115. 粘木 *Ixonanthes chinensis* Champ.

【别　　名】山槟榔、华粘木、山子纣

【科　　属】粘木科粘木属

【形态特征】常绿乔木，高达20米，胸径30厘米。树皮灰褐色，幼枝黄绿色，老枝红褐色，光滑；树皮干后褐色，嫩枝顶端压扁状。单叶互生，纸质，无毛，椭圆形或长圆形，长4～16厘米，宽2～8厘米，表面亮绿色，背面绿色，干后茶褐色或黑褐色，有时有光泽，顶部急尖微镰刀状或圆而微凸，基部圆或楔尖，表面中脉凹陷，侧脉5～12对，通常侧脉有间脉。纤细，干后两面均凸起；叶柄长1～3厘米，有狭边。二歧或三歧聚伞花序，生于枝近顶部叶腋内；花白色。蒴果卵状圆锥形或长圆形，长2～3.5厘米，宽1～1.7厘米。种子长圆形，一端有膜质种翅，种翅长10～15毫米。花期：5～6月；果期：6～10月。

【分布与习性】分布于广西、广东、福建、海南、湖南、云南、贵州等。生于林中。喜温暖湿润气候和土层深厚的砖红壤性红壤或红壤性黄壤。越南也有分布。

【珍稀度】易危种；广西重点保护野生植物；被《中国植物红皮书——稀有濒危植物》、《中国物种红色名录》收录。

【用　　途】树冠浓密，四季常绿，叶色翠绿，果形奇特，可作园景树、庭荫树或行道树。

116. 蝴蝶果 *Cleidiocarpon cavaleriei* (H. Lévl.) Airy Shaw

【别　　名】山板栗、唛别

【科　　属】大戟科蝴蝶果属

【形态特征】常绿乔木，高达25米。幼嫩枝、叶疏生微星状毛，后变无毛。叶纸质，椭圆形，长圆状椭圆形或披针形，顶端渐尖，稀急尖，基部楔形；小托叶2枚，钻状，上部凋萎，基部稍膨大，干后黑色；叶柄长1～4厘米，顶端枕状，基部具叶枕；托叶钻状，有时基部外侧有1个腺体。圆锥状花序，各部均密生灰黄色微星状毛。果呈偏斜的卵球形或双球形，具微毛，直径约3～5厘米，基部骤狭呈柄状，长0.5～1.5厘米，花柱基喙状，外果皮革质种子近球形，直径约2.5厘米，种皮骨质，厚约1毫米。花、果期：5～11月。

【分布与习性】分布于广西、贵州和云南。生于山地或石灰岩山的山坡或沟谷常绿林中。越南也有分布。

【珍 稀 度】易危种；广西重点保护野生植物；被《中国植物红皮书——稀有濒危植物》、《中国物种红色名录》收录。

【用　　途】种子含丰富的淀粉和油，煮熟并除去胚后可食用；木材适做家具等；树形美观，常绿，抗病力强，可作行道树或庭园绿化树。

117. 榼子藤 *Entada phaseoloides* (L.) Merr.

【别　　名】榼藤、榼藤子、眼镜豆、牛肠麻、牛眼睛、过江龙

【科　　属】含羞草科榼藤属

【形态特征】木质大藤本，茎扭旋，枝无毛。二回羽状复叶，长10～25厘米；羽片通常2对，顶生1对羽片变为卷须；小叶2～4对，对生，革质，长椭圆形或长倒卵形，长3～9厘米，宽1.5～4.5厘米，先端钝，微凹，基部略偏斜。穗状花序长15～25厘米，单生或排成圆锥花序式，被疏柔毛；花细小，白色，密集，略有香味；花萼阔钟状，具5齿；花瓣5，长圆形。荚果长达1米，宽8～12厘米，弯曲，扁平，木质，成熟时逐节脱落，每节内有1粒种子；种子近圆形，直径4～6厘米，扁平，暗褐色，成熟后种皮木质。花期：3～6月；果期：8～11月。

【分布与习性】分布于广西、台湾、福建、广东、云南和西藏等。生于山涧或山坡混交林中，攀援于大乔木上。东半球热带地区也有。

【珍 稀 度】濒危种。

【用　　途】植株蔓性强劲，荚果长达1米，尤为壮观。茎皮及种子均含皂素，可作肥皂的代用品；茎皮的浸液有催吐、下泻作用，有强烈的刺激性，误入眼中可引起结膜炎；种子含淀粉及油，种仁含油约17%，经处理后方可食。全株有毒。

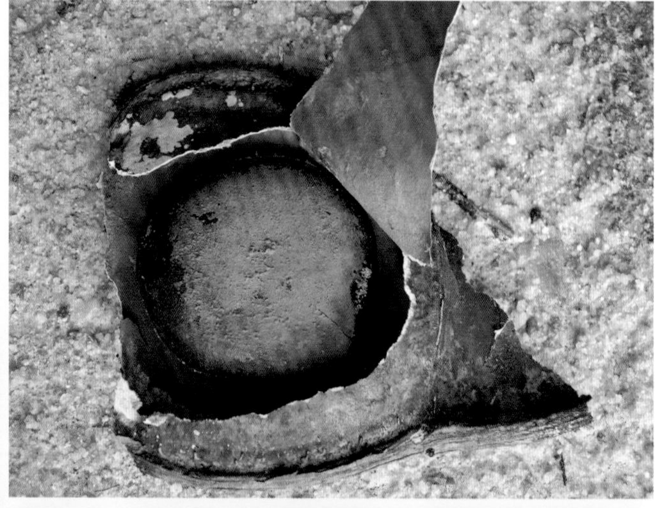

118. 阔裂叶羊蹄甲 *Bauhinia apertilobata* Merr. et Metc.

【别　　名】亚那藤、搭袋藤

【科　　属】苏木科羊蹄甲属

【形态特征】藤本，具卷须。嫩枝、叶柄及花序各部分均被短柔毛。叶纸质，卵形、阔椭圆形或近圆形，长5～10厘米，宽4～9厘米，基部阔圆形，截形或心形，先端通常浅裂为2片短而阔的裂片，罅口极阔甚或成弯缺状，嫩叶先端常不分裂而呈截形，老叶分裂可达叶长的1/3或更深裂，裂片顶圆，上面近无毛或疏被短柔毛，下面被锈色柔毛，有时渐变秃净；基出脉7～9条。伞房式总状花序腋生或1～2个顶生，长4～8厘米，宽4～7厘米；苞片丝状；萼裂片披针形，开花时下反；花瓣白色或淡绿白色，近匙形；能育雄蕊3，花丝长6～9毫米。荚果倒披针形或长圆形，扁平，长7～10厘米，宽3～4厘米，顶具小喙。花期：5～7月；果期：8～11月。

【分布与习性】分布于广西、福建、江西和广东。生于海拔300～600米的山谷和山坡的疏林、密林或灌丛中。

【珍 稀 度】近危种；中国特有种。

【用　　途】叶形如羊蹄形状，可作垂直绿化植物。

119. 花榈木 *Ormosia henryi* Prain

【别　　名】花梨木、臭桶柴、红豆树

【科　　属】蝶形花科红豆属

【形态特征】常绿乔木。树皮灰绿色，平滑，有浅裂纹。小枝、叶轴、花序密被茸毛。一回奇数羽状复叶，革质，椭圆形或长圆状椭圆形，先端钝或短尖，基部圆或宽楔形，叶缘微反卷，上面深绿色，光滑无毛，下面及叶柄均密被黄褐色绒毛。圆锥花序顶生，或总状花序腋生，密被淡褐色茸毛；花冠中央淡绿色，边缘绿色微带淡紫，旗瓣近圆形，翼瓣倒卵状长圆形，淡紫绿色，龙骨瓣倒卵状长圆形。荚果扁平，长椭圆形，顶端有喙，果瓣革质。花期：7～8月；果期：10～11月。

【分布与习性】分布于广西、安徽、浙江、江西、湖南、湖北、广东、四川、贵州和云南。生于山坡、溪谷两旁杂木林内。越南和泰国也有分布。

【珍 稀 度】易危种；国家II级重点保护野生植物；被《中国物种红色名录》收录。

【用　　途】木材致密质重，纹理美丽，可作轴承及细木家具用材；根、枝、叶入药，能祛风散结，解毒去瘀；又为绿化或防火树种。

120. 半枫荷 *Semiliquidambar cathayensis* Chang

【别　　名】半边荷、阴阳叶

【科　　属】金缕梅科半枫荷属

【形态特征】常绿乔木，高达20米，胸径达60厘米。树皮灰色，略粗糙；当年枝干后暗褐色，无毛；老枝灰色，有皮孔。叶簇生于枝顶，革质，卵状椭圆形，长8～13厘米，宽3.5～6厘米；基部阔楔形或近圆形；上面深绿色，无毛；边缘有具腺锯齿；掌状脉3条；叶柄长3～4厘米。雄花的短穗状花序常数个排成总状，长6厘米，雄蕊多数；雌花的头状花序单生。头状果序直径2.5厘米，有蒴果22～28个，宿存萼齿比花柱短。花期：2～4月；果期：3～6月。

【分布与习性】分布于广西、广东、福建、江西、湖南、海南、贵州和浙江。生于溪旁林中。在土层深厚、疏松、肥沃、湿润、排水良好的酸性红壤、砖红壤或黄壤上生长良好。

【珍 稀 度】易危种；中国特有种；国家II级重点保护野生植物；被《中国植物红皮书——稀有濒危植物》、《中国物种红色名录》收录。

【用　　途】叶形和叶色多变，果序球形，全株搓之有橄榄气味，为优良园景树和庭荫树；根供药用，治风湿跌打、瘀积肿痛、产后风瘫等。

121. 华南锥 *Castanopsis concinna* (Champ. ex Benth.) A. DC.

【别　　名】华南栲

【科　　属】壳斗科锥属

【形态特征】常绿乔木，高达20米，胸径50厘米。树皮略粗糙，暗褐黑色，不开裂；当年生枝被黄棕色微柔毛。叶革质，椭圆形或长圆形，长5～10厘米，宽1.5～3.5厘米，稀更大，顶部短或渐尖，基部圆或宽楔形，叶背面有红色鳞秕；叶柄长4～12毫米。雄穗状花序通常单穗腋生或为圆锥花序。果序长4～8厘米，熟后整序脱落；壳斗圆球形，连刺直径4～6厘米。坚果扁圆锥形，高约1厘米，宽1.4厘米。花期：4～5月；果期：9～11月。

【分布与习性】分布于广西、广东和香港。生于丘陵低山。喜湿润以至潮湿气候。

【珍 稀 度】近危种；中国特有种；国家II级重点保护野生植物；被《中国植物红皮书——稀有濒危植物》、《中国物种红色名录》收录。

【用　　途】树干挺拔，浓荫如盖，叶背红色，可作园景树；木材为高级家具、雕刻、建筑等用材；坚果可提取淀粉；壳斗可提制单宁。

122. 吊皮锥 *Castanopsis kawakamii* Hayata

【别　　名】吊皮栲、青钩栲、川上氏槠、赤栲、格氏栲、格林锥

【科　　属】壳斗科锥属

【形态特征】常绿乔木，高15～28米，胸径30～80厘米。树皮纵向带浅裂，新生小枝暗红褐色，散生颜色苍暗的皮孔，无毛。叶革质，卵形或披针形，长6～12厘米，宽2～5厘米；顶部长尖，基部阔楔形，全缘；侧脉每边9～12条，网状叶脉明显；叶柄长1～2.5厘米。雄花序圆锥状或穗状，直立；雄蕊10～12枚；雌花序无毛，花柱2～3。果序短，圆球形，壳斗近球形、四瓣开裂，褐色，基部合生成束、每一壳斗内有坚果1个；坚果扁圆锥形，密被黄棕色伏毛。花期：3～4月；果期：翌年8～10月成熟。

【分布与习性】分布于广西、广东、福建、台湾和江西。生于常绿阔叶林中。喜温暖湿润气候和酸性红壤或黄壤，具有较强的抗风倒能力，可适应雨季及台风的环境。

【珍 稀 度】易危种；中国特有种；国家II级重点保护野生植物；广西重点保护野生植物；被《中国植物红皮书——稀有濒危植物》、《中国物种红色名录》收录。

【用　　途】树干通直，树形美观，树皮常挂在树干上，小枝纤细光滑，叶色翠绿而排成一个平面，为优良园景树或行道树；材质优良，为上等家具、建筑等用材。

123. 亮叶雀梅藤 *Sageretia lucida* Merr.

【别　　名】钩状雀梅藤

【科　　属】鼠李科雀梅藤属

【形态特征】藤状灌木。无刺或具刺；小枝无毛。叶薄革质，互生、近对生或对生，椭圆形、卵状矩圆形或卵状椭圆形，长6～12厘米，宽2.5～4厘米，或在花枝上的叶较小，长3.5～5厘米，宽1.8～2.5厘米，顶端钝，渐尖或短渐尖，稀锐尖；基部圆形，常不对称，边缘具圆齿状浅锯齿，侧脉每边5～7条，上面平，下面凸起，叶柄长8～12毫米，无毛。花无梗或近无梗，绿色。核果较大，椭圆状卵形。长10～12毫米，直径5～7毫米，成熟时红色。花期：4～7月；果期：9～12月。

【分布与习性】分布于广西、广东和福建。生于疏林下。越南也有分布。

【珍　稀　度】易危种。

【用　　途】全株可作绿篱；叶可作饮料；根药用；果可食。

124. 米仔兰 *Aglaia odorata* Lour.

【别　　名】米兰、山胡椒、暹罗花、树兰、鱼子兰、兰花米、碎米兰

【科　　属】楝科米仔兰属

【形态特征】常绿灌木或小乔木。茎多小枝，幼枝顶部被星状锈色的鳞片。叶长5～16厘米，叶轴和叶柄具狭翅，有小叶3～5片；小叶对生，厚纸质，顶端1片最大，两面均无毛，侧脉每边约8条，极纤细。圆锥花序腋生，长5～10厘米，芳香，花瓣5，黄色。果为浆果，卵形或近球形，初时被散生的星状鳞片，后脱落；种子有肉质假种皮。花期：5～12月；果期：7月至翌年3月。

【分布与习性】分布于广西和广东；常生于低海拔山地的疏林或灌木林中。东南亚各国也有分布。

【珍稀度】被《中国物种红色名录》收录。

【用　　途】四季常绿，花黄色，芳香，供观赏。

125. 伯乐树 *Bretschneidera sinensis* Hemsl.

【别　　名】钟萼木、冬桃

【科　　属】伯乐树科伯乐树属

【形态特征】落叶乔木，高达20米，胸径约60厘米。树皮灰褐色，小枝较明显的皮孔。羽状复叶互生，长25～45厘米；小叶长圆形、窄卵形或窄倒卵开不对称，长6～26厘米，宽3～9厘米，全缘，顶端渐尖，基部钝圆或楔形，上面无毛，下面微被锈色柔毛。花序长20～36厘米，淡红色，直径约4厘米；花瓣阔匙形或倒卵楔形，顶端浑圆，无毛；花丝基部有小柔毛；子房、花柱被柔毛。蒴果椭圆球形，近球形或阔卵形暗红色，长3～5.5厘米，被柔毛。5～6月开花，10～11月果熟。

【分布与习性】分布于广西、四川、云南、贵州、广东、湖南、湖北、江西、浙江和福建等。生于山地林中。中性偏阳树种，幼年耐荫，深根性，抗风力较强，稍能耐寒，但不耐高温。越南也有分布。

【珍 稀 度】近危种；国家I级重点保护野生植物；被《中国植物红皮书——稀有濒危植物》、《中国物种红色名录》收录。

【用　　途】主干通直，树体雄伟高大，绿荫如盖，花序大，可作园景树及庭荫树。

126. 青榨槭 *Acer davidii* Frarich.

【别　　名】青虾蟆、大卫槭

【科　　属】槭树科槭树属

【形态特征】落叶乔木，高达20米。树皮黑褐色或灰褐色，常纵裂成蛇皮状。单叶，对生，叶外貌长圆卵形或近于长圆形，长6～14厘米，宽4～9厘米，先端锐尖或渐尖，常有尖尾，基部近于心脏形或圆形，边缘具不整齐的钝圆齿，侧脉羽状。花黄绿色，杂性，雄花与两性花同株，成下垂的总状花序。翅果嫩时淡绿色，成熟后黄褐色；翅宽约1～1.5厘米，连同小坚果共长2.5～3厘米，展开成钝角或几成水平。花期：4月；果期：9月。

【分布与习性】分布于我国华北、华东、中南、西南等地。常生于海拔500～1500米的疏林中。越南等也有分布。

【珍　稀　度】被《中国物种红色名录》收录。

【用　　途】生长迅速，树冠整齐，可用为绿化和造林树种；树皮纤维较长，又含丹宁，可作工业原料。

127. 罗浮槭 *Acer fabri* Hance

【别　　名】蝴蝶果、红翅槭

【科　　属】槭树科槭树属

【形态特征】常绿乔木，高达10米。树皮灰褐色或灰黑色。单叶，对生，革质，全缘，长圆状披针形或椭圆状披针形，基部楔形或钝形，先端锐尖，上面深绿色，下面淡绿色。花杂性，雄花与两性花同株。翅果嫩时紫色，成熟时黄褐色；小坚果凸，翅果成钝角叉开。花期：3～4月；果期：9月。

【分布与习性】分布于广西、广东、江西、湖北、湖南和四川。生于林中。

【珍 稀 度】被《中国物种红色名录》收录。

【用　　途】果如张开翅膀的蝴蝶，十分奇特；果有清热、利咽喉等作用，治咽喉炎、扁桃体炎、肝炎、喊叫过度而引起的声音沙哑等；木材供建筑等用。

128. 岭南槭 *Acer tutcheri* Duthie

【别　　名】岭南枫、岭南槭树

【科　　属】槭树科槭树属

【形态特征】落叶乔木，高达15米。树皮褐色或深褐色。当年生枝绿色或紫绿色，多年生枝灰褐色或黄褐色。冬芽卵圆形，叶纸质，基部圆形或近于截形，外貌阔卵形，长6～7厘米，宽8～11厘米，常3～5裂；裂片三角状卵形，稀卵状长圆形，先端锐尖，稀尾状锐尖，边缘具稀疏而紧贴的锐尖锯齿，稀近基部全缘，仅近先端具少数锯齿，裂片间的凹缺锐尖，深达叶片全长的1/3；叶柄长约2～5厘米。花杂性，雄花与两性花同株，常生成仅长6～7 厘米的短圆锥花序；萼片4，黄绿色；花瓣4，淡黄白色。翅果嫩时淡红色，成熟时淡黄色；小坚果凸起，脉纹显著，直径约6毫米；翅宽8～10毫米，连同小坚果长2～2.5厘米，张开成钝角。花期：4月；果期：9月。

【分布与习性】分布于广西、浙江、江西、湖南、福建和广东。生于海拔300～1000米的疏林中。

【珍 稀 度】中国特有种；被《中国物种红色名录》收录。

【用　　途】秋叶红色，叶形和果形奇特，可成片栽植作观赏红叶树种；木材供建筑、家具等用。

129. 喜树 *Camptotheca acuminata* Decne

【别　　名】旱莲森、千丈树

【科　　属】珙桐科喜树属

【形态特征】落叶乔木，高达20米。树皮淡褐色，光滑；小枝圆柱形，平展，当年生枝紫绿色，有灰色微柔毛，多年生枝淡褐色或浅灰色，无毛。叶互生，纸质，矩圆状卵形或矩圆状椭圆形，长12～28厘米，宽6～12厘米，顶端短锐减，基部近圆形或阔楔形，全缘；侧脉11～15对，上面显著，下面略凸起；叶柄上面扁平，下面圆形，幼时有微柔毛，其后几无毛。头状花序，顶生或腋生；苞片3枚，三角状卵形；花瓣5，浅绿色。翅果矩圆形，长2～2.5厘米，两侧具窄翅，着生近球形的头状花序。5～7月开花，果期：9月。

【分布与习性】分布于广西、广东、江苏、浙江、江西、福建、湖北、贵州、四川和云南。常生于山地沟谷潮湿的地带。喜温暖、湿润、土壤肥沃和阳光充足的环境，对土壤酸碱度适应性较强。

【珍 稀 度】中国特有种；国家II级重点保护野生植物。

【用　　途】树冠倒卵形，姿态雄伟，果形奇特，具有很高的观赏价值，是绿化、美化环境的优良绿荫树和风景树；根可药用，可抗癌等。

130. 马蹄参 *Diplopanax stachyanthus* Hand.-Mazz.

【别　　名】大果五加、野枇杷

【科　　属】五加科马蹄参属

【形态特征】常绿乔木，高15～25米。树皮灰褐色；小枝粗壮，绿褐色，有长圆形皮孔。单叶互生，革质，倒卵状椭圆形至倒卵状披针形，长9～16厘米，宽3.5～7厘米，先端短尖，基部楔形，上面亮绿色，下面沿中脉有稀疏的星状毛或无毛，全缘；侧脉6～11对，网脉部明显；叶柄粗壮，无毛。穗状圆锥花序顶生，长达27厘米，上部的花单生，无花梗，下部的花排成有梗或无梗的伞形花序，主轴粗壮，幼时花序全被淡黄色柔毛；花瓣淡黄色，卵形；雄蕊5。果卵形或长圆状卵圆形，无毛，坚硬木质，长4.5～5.5厘米。种子1个。花期：6～7月；果期：7～9月。

【分布与习性】分布于广西、广东、湖南和云南。生于林下或沟边。分布区干湿季节分明，四季温暖，土壤为山地黄壤或黄棕壤。越南也有分布。

【珍 稀 度】近危种；广西重点保护野生植物；被《中国植物红皮书——稀有濒危植物》、《中国物种红色名录》收录。

【用　　途】四季常绿，枝叶婆娑，果形美观，可植于水边作观赏树。

131. 吊钟花 *Enkianthus quinqueflorus* Lour.

【别　　名】铃儿花、白鸡烂树、山连召

【科　　属】杜鹃花科吊钟花属

【形态特征】落叶灌木或小乔木，高1～7米。树皮灰黄色；多分枝，枝圆柱状，无毛。冬芽长椭圆状卵形，芽鳞边缘具白色绒毛。叶常密集于枝顶，互生，革质，两面无毛，长圆形或倒卵状长圆形，长5～10厘米，宽2～4厘米，先端渐尖且具钝头或小突尖，基部渐狭而成短柄，边缘反卷，全缘或稀向顶部疏生细齿，中脉在两面清晰，侧脉6～7对，自中脉羽状伸出，连同网脉在两面明显。花通常3～13朵组成伞房花序，从枝顶覆瓦状排列的红色大苞片内生出，花冠宽钟状，长约1.2厘米，粉红色或红色，有时白色。蒴果椭圆形，淡黄色，具5棱。花期：3～5月；果期：5～7月。

【分布与习性】分布于广西、江西、福建、湖北、湖南、广东、四川、贵州和云南。生于山坡灌丛。越南也有分布。

【珍稀度】被《中国物种红色名录》收录。

【用　　途】终年常绿，叶质厚，花如一串串风铃，有棱的果竖立枝头，极富观赏价值。为优良园景树。

132. 云锦杜鹃 *Rhododendron fortunei* Lindl.

【别　　名】云锦杜鹃花

【科　　属】杜鹃花科杜鹃属

【形态特征】常绿灌木或小乔木，高3～12米。主干弯曲，树皮褐色，片状开裂；幼枝黄绿色，初具腺体；老枝灰褐色。叶厚革质，长圆形至长圆状椭圆形，长8～14.5厘米，宽3～9.2厘米；顶生总状伞形花序疏松，有花6～12朵，有香味，花冠漏斗状钟形，长4.5～5.2厘米，直径5～5.5厘米，粉红色；蒴果长圆状卵形至长圆状椭圆形，直或微弯曲，长2.5～3.5厘米，直径6～10毫米，褐色，有肋纹及腺体残迹。花期：4～5月；果期：8～10月。

【分布与习性】分布于广西、陕西、湖北、湖南、河南、安徽、浙江、江西、福建、广东、四川、贵州和云南。生于山脊阳处或林下。

【珍　稀　度】中国特有种；被《中国物种红色名录》收录。

【用　　途】花色艳丽，叶厚质硬且常呈莲花状，为优良观赏植物。

133. 岭南杜鹃 *Rhododendron mariae* Hance

【别　　名】玛丽杜鹃、紫花杜鹃、双角杜鹃、青留杜鹃、多姿杜鹃

【科　　属】杜鹃花科杜鹃属

【形态特征】落叶灌木，高多在1～3米之间，稀达7.5米。分枝多，幼枝密被红棕色糙伏毛；老枝灰褐色，有残存毛。叶革质，集生枝端，椭圆状披针形至椭圆状倒卵形，长3～11厘米，宽1.3～4厘米，先端渐尖，具短尖头，基部楔形，疏被糙伏毛，下面散生红棕色糙伏毛，中脉和侧脉在上面凹陷，下面显著凸起，侧脉未达叶缘连接。花芽卵球形；伞形花序顶生，具花7～16朵；花冠狭漏斗状，长1.5～2.2厘米，丁香紫色，花冠管圆柱状，长1.3厘米，裂片5，长圆状披针形，顶端钝尖；雄蕊5，不等长，长1.7～2.5厘米，伸出于花冠外；花柱比雄蕊长。蒴果长卵球形，长9～14毫米，直径3毫米，密被红棕色糙伏毛。花期：3～6月；果期：7～11月。

【分布与习性】分布于广西、安徽、江西、福建、湖南、广东和贵州。生于山丘灌丛中。

【珍 稀 度】中国特有种；被《中国物种红色名录》收录。

【用　　途】花紫色（丁香紫色），供观赏。

134. 毛棉杜鹃 *Rhododendron moulmainense* Hook.

【别　　名】丝线吊芙蓉、六角杜鹃

【科　　属】杜鹃花科杜鹃属

【形态特征】常绿灌木或小乔木。幼枝粗壮，淡紫褐色，无毛，老枝褐色或灰褐色。单叶，厚革质，集生枝顶，近于轮生，长圆状披针形或椭圆状披针形，长5～12厘米，稀达26厘米，宽2.5～8厘米，先端渐尖至短渐尖，基部楔形或宽楔形，边缘反卷。数伞形花序生枝顶叶腋，每花序有花3～5朵；花大，粉红色、淡红白色或淡紫色。蒴果圆柱状，长3.5～6厘米，直径4～6毫米，先端渐尖，花柱宿存。花期：4～6月；果期：6～7月。

【分布与习性】分布于华南和西南各省区。生于山坡灌丛中。缅甸、越南、泰国和马来西亚也有分布。

【珍 稀 度】被《中国物种红色名录》收录。

【用　　途】花大而多，色彩艳丽，开花期间繁花似锦，十分壮观，可作观赏植物。

135. 杜鹃 *Rhododendron simsii* Planch.

【别　　名】杜鹃花、映山红、山踯躅、山石榴、照山红

【科　　属】杜鹃花科杜鹃属

【形态特征】落叶或半常绿灌木。茎分枝细而多，密被黄褐色平伏硬毛。叶互生，卵状椭圆形、倒卵形、倒卵形或倒披针形，长1.5～5厘米，中脉在上面凹陷，下面凸起，全缘，上面疏被硬毛，下面密被褐色细毛，脉上更多。花粉红色，2～6朵簇生于枝端。蒴果卵圆形，密被硬毛，有宿存花萼。花期：4～5月；果期：6～10月。

【分布与习性】分布于长江以南各省区。生于山坡、丘陵灌丛中。越南也有分布。

【珍 稀 度】被《中国物种红色名录》收录。

【用　　途】花形奇特，花色红艳，为优良观赏植物；枝、叶、根药用，有行气活血、舒张支气管等作用，治血便、阴道流血、月红不调、肾炎等。孕妇慎用。

136. 小果柿 *Diospyros vaccinioides* Lindl.

【别　　名】乌饭叶柿

【科　　属】柿科柿属

【形态特征】常绿灌木，多分枝。单叶，互生，革质或薄革质，通常卵形或椭圆形，长2～3厘米，宽9～12毫米，较小的叶有时近圆形，排成2列，先端急尖，有短针尖，基部钝或近圆形。花雌雄异株，细小，单生叶腋，近无柄。果小，球形或椭圆形，嫩时绿色，熟时黑色，除顶端外，平滑无毛，有种子1～3颗；种子黑褐色，椭圆形，宿存花萼4深裂，裂片披针形，无毛。花期：5月；果期：9～12月。

【分布与习性】分布于广西、广东、香港和海南。生于灌丛中。

【珍 稀 度】濒危种；中国特有种。

【用　　途】枝叶茂密，为岭南盆景优良桩材。

137. 海南紫荆木 *Madhuca hainanensis* Chun et How

【别　　名】铁色、刷空母树、海南马胡卡

【科　　属】山榄科紫荆木属

【形态特征】常绿乔木，高达30米。树皮暗灰褐色，内皮褐色，分泌多量浅黄白色粘性汁液；叶聚生于小枝顶端，革质，长圆状倒卵形或长圆状倒披针形，长6～12厘米，宽2.5～4厘米，顶端圆而常微缺，花1～3朵腋生，下垂；花梗密被锈红色绢毛；花冠白色，子房卵球形，被锈色绢毛。果绿黄色，卵球形至近球形，被短柔毛，先端具花柱的残余；种子1～5，长圆状椭圆形。花期：6～9月；果期：9～11月。

【分布与习性】分布于广西和海南。生于山地常绿林中。

【珍 稀 度】濒危种；中国特有种；国家II级重点保护野生植物；被《中国植物红皮书——稀有濒危植物》、《中国物种红色名录》收录。

【用　　途】木材暗红褐色，结构致密，材质坚韧，耐腐，为造船、车轴、桥梁等用材；种子含油量达55%，供食用和制皂；树皮含鞣质，可制栲胶。

138. 巴戟天 *Morinda officinalis* How

【别　　名】巴戟、鸡肠风、大巴戟、巴吉

【科　　属】茜草科巴戟天属

【形态特征】多年生藤本。小枝圆柱形，初时密被短硬毛。叶对生，长圆形或长圆状披针形，长6～13厘米，宽3～6厘米，全缘，上面疏被短硬毛，下面毛较疏或仅脉处有短毛；侧脉每边5条。花数朵组成头状花序，花冠白色。聚花果近球形，红色。花期：5～7月；果期：10～11月。

【分布与习性】分布于广西、海南、福建和广东等。生于林下或灌丛中。中南半岛也有分布。

【珍 稀 度】易危种；国家II级重点保护野生植物；被《中国植物红皮书——稀有濒危植物》、《中国物种红色名录》收录。

【用　　途】肉质根药用，有健脾、补肾壮阳、强筋骨、祛风湿等作用，治肾虚腰膝无力、痿痹瘫痪、风湿骨痛、神经衰弱、阳痿、遗精、早泄、失眠、妇女不孕等。

139. 丁公藤 *Erycibe obtusifolia* Benth.

【别　　名】包公藤、猪姆嗒、斑鱼烈、麻辣仔藤

【科　　属】旋花科丁公藤属

【形态特征】木质藤本，长达12米。小枝干后黄褐色，不被毛。叶革质，椭圆形或倒长卵形，长6.5～9厘米，宽2.5～4厘米，顶端钝或钝圆，基部渐狭成楔形，两面无毛，侧脉每边4～8条，在叶面不明显。聚伞花序腋生或顶生，密被锈色短柔毛；花冠白色或黄白色。浆果卵状椭圆形，长约1.4厘米。花期：6～8月；果期：8～10月。

【分布与习性】分布于广西、广东、香港、海南和云南。越南也有。生于林中或灌丛中。

【珍　稀　度】易危种。

【用　　途】根、茎药用，有祛风除湿、舒筋活络和消肿止痛等功效，广东用茎切片做风湿病药酒的原料。

140. 苦梓 *Gmelina hainanensis* Oliv.

【别　　名】海南石梓

【科　　属】马鞭草科石梓属

【形态特征】落叶乔木，树干直，树皮灰褐色，呈片状脱落。叶对生，厚纸质，卵形或宽卵形，长5～16厘米，宽4～8厘米，全缘，稀具1～2粗齿，顶端渐尖或短急尖，基部宽楔形至截形，表面亮绿色，无毛，背面粉绿色，被微绒毛，基生脉三出。聚伞花序排成顶生圆锥花序，被黄色绒毛；苞片叶状，卵形或卵状披针形，花萼钟状，呈二唇形；花冠漏斗状，黄色，呈二唇形，下唇3裂，中裂片较长，上唇2裂，二强雄蕊。核果倒卵形，顶端截平，肉质。花期：5～6月；果期：6～9月。

【分布与习性】分布于广西、江西和广东等。生于海拔250～500米的山坡疏林中。

【珍　稀　度】国家II级重点保护野生植物；被《中国物种红色名录》收录。

【用　　途】木材纹理通直，结构细致，材质韧而稍硬，干后不变形，耐腐，适于造船、建筑、家具等用。

141. 兰花蕉 *Orchidantha chinensis* T. L. Wu

【别　　名】兰花芭蕉

【科　　属】兰花蕉科兰花蕉属

【形态特征】多年生草本，高约45厘米。根茎横生。叶片椭圆状披针形，长22～30厘米，宽7～9厘米，顶端渐尖，基部楔形，稍下延，横脉方格状；叶柄长14～18厘米。花自根茎生出，单生，苞片长圆形，长3.5～7厘米，位于花葶上部的较大，下部的较小。花紫色，萼片长圆状披针形，长9.5厘米，宽1.5～2厘米；唇瓣线形，长9厘米，基部宽8毫米；侧生的2枚花瓣长圆形，长2厘米；雄蕊5枚，花药长1 厘米；子房顶端延长呈柄状的部分长2厘米。花期：3月；果期：5～7月。

【分布与习性】分布于广西、海南和广东，为我国华南地区特有植物。生于山谷林下。

【珍 稀 度】易危种；中国特有种；被《中国植物红皮书——稀有濒危植物》、《中国物种红色名录》收录。

【用　　途】叶如“也门铁”，耐阴，为优良观赏植物。

142. 金线兰 *Anoectochilus roxburghii* (Wall.) Lindl.

【别　　名】花叶开唇兰、金线莲、金蚕、金石松、树草莲、鸟人参

【科　　属】兰科开唇兰属

【形态特征】地生兰，植株高8～18厘米。根状茎匍匐，伸长，肉质，具节，节上生根。茎直立，肉质，圆柱形，具2～4枚叶。叶片卵圆形或卵形，长1.3～3.5厘米，宽0.8～3厘米，上面暗紫色或黑紫色，具金红色带有绢丝光泽的美丽网脉，背面淡紫红色，先端近急尖或稍钝，基部近截形或圆形，骤狭成柄；叶柄长4～10毫米，基部扩大成抱茎的鞘。总状花序具2～6朵花，长3～5厘米；花苞片淡红色；花瓣质地薄，近镰刀状，与中萼片等长；唇瓣长约12毫米，呈Y字形。花期：8～12月。

【分布与习性】分布于广西、浙江、江西、福建、湖南、广东、海南、四川、云南和西藏等。生于常绿阔叶林下或沟谷阴湿处。日本、泰国、老挝和越南等也有分布。

【珍 稀 度】濒危种；国家Ⅱ级重点保护野生植物；被《中国植物红皮书——稀有濒危植物》、《中国物种红色名录》收录。

【用　　途】叶形可爱，叶脉如金线，可盆栽观赏，或配植于石上；全草药用。

143. 牛齿兰 *Appendicula cornuta* Bl.

【别　　名】牛齿兰

【科　　属】兰科牛齿兰属

【形态特征】附生草本。茎丛生，直立或悬垂，不分枝，近圆柱形，长20～50厘米，粗2～3毫米，全部包藏于筒状叶鞘之中，节间长约1厘米。叶二列互生，狭卵状椭圆形或近长圆形，长2.5～3.5厘米，宽6～12毫米，先端常具细尖，基部具圆筒状鞘；鞘宿存，抱茎，长约1厘米。总状花序顶生或侧生，一般长1～1.5厘米，具2～6朵花；花白色，直径约5毫米。蒴果椭圆形，长5～6毫米，粗2.5～3毫米。花期：7～8月；果期：9～10月。

【分布与习性】分布于广西、广东、香港和海南。生于林中岩石上或阴湿石壁上。缅甸、泰国、越南、马来西亚、印度尼西亚和菲律宾等也有分布。

【珍 稀 度】国家II级重点保护野生植物；被《濒危野生动植物种国际贸易公约》（CITES）附录II、《中国物种红色名录》收录。

【用　　途】植株迷你翠绿，可配置于假山观赏。

144. 竹叶兰 *Arundina graminifolia* (D. Don) Hochr.

【别　　名】禾叶竹叶兰、竹兰、长杆兰、大叶寮刁竹、草姜、山荸荠

【科　　属】兰科竹叶兰属

【形态特征】陆生兰，高30～80厘米。地下根状茎常在连接茎基部处呈卵球形膨大，貌似假鳞茎，直径1～2厘米，具较多的纤维根。叶禾叶状，长条形，通常长8～20厘米，宽3～20毫米，薄革质或坚纸质。总状花序顶生，不分枝或稍分枝，长2.5～10厘米，具2～12朵花；花大，粉红色或略带紫色或白色。蒴果近长圆形。花果期主要为9～11月，但1～4月也有。

【分布与习性】分布于华南至西南各省区。生于草地、溪谷旁或沼泽。尼泊尔、不丹、印度和柬埔寨等也有。

【珍稀度】国家II级重点保护野生植物；被《濒危野生动植物种国际贸易公约》（CITES）附录II、《中国物种红色名录》收录。

【用　　途】全草药用，有清热、解毒、祛风湿、止痛、散瘀、利水等作用，治痧气、积热、浮肿、腹痛、疳积、黄疸、肺结核、精神病、风湿骨痛、食物中毒、刀伤出血、蛇伤等；花大色艳，也供观赏。

145. 广东石豆兰 *Bulbophyllum kwangtungense* Schltr.

【别　　名】粤石豆兰

【科　　属】兰科石豆兰属

【形态特征】附生草本。根状茎粗约2毫米，每隔2～7厘米处生1个假鳞茎。假鳞茎直立，圆柱状，长1～2.5厘米，中部粗2～5毫米，顶生1枚叶，幼时被膜质鞘。叶革质，长圆形，通常长约2.5厘米，最长达4.7厘米，中部宽5～14毫米，先端圆钝并且稍凹入，基部具长1～2毫米的柄。花葶1个，从假鳞茎基部或靠近假鳞茎基部的根状茎节上发出，直立，纤细，远高出叶外，长达9.5厘米，总状花序缩短呈伞状，具2～7朵花；花淡黄色。花期：5～8月。

【分布与习性】分布于广西、浙江、福建、江西、湖北、湖南、广东、香港、贵州和云南等。通常生于海拔800米的山坡林下岩石上。

【珍稀度】中国特有种；国家II级重点保护野生植物；被《濒危野生动植物种国际贸易公约》（CITES）附录II、《中国物种红色名录》收录。

【用　　途】假鳞茎奇特，供观赏。

146. 齿瓣石豆兰 *Bulbophyllum levinei* Schltr.

【别　　名】有齿石豆兰、瓣齿石豆兰

【科　　属】兰科石豆兰属

【形态特征】附生低矮草本。根状茎纤细，匍匐生根。假鳞茎在根状茎上聚生，近圆柱形或瓶状，长5～10毫米，中部粗2～4毫米，顶生1枚叶，基部被鞘或鞘腐烂后残留的纤维。叶薄革质，狭长圆形或倒卵状披针形，长3～4厘米，罕有达9厘米的，中部宽5～14毫米，先端近锐尖，基部收窄为长4～10毫米的柄，上面中肋常凹陷。花葶从假鳞茎基部发出，纤细，直立，光滑无毛，高出叶外；总状花序缩短呈伞状，常具2～6朵花；花苞片直立，狭披针形；花膜质，白色带紫；花瓣靠合于萼片，卵状披针形，边缘具细齿。花期：5～8月。

【分布与习性】分布于广西、浙江、福建、江西、湖南、广东和香港。通常生于海拔800米的山地林中树干上或沟谷岩石上。越南也有分布。

【珍 稀 度】国家II级重点保护野生植物；被《濒危野生动植物种国际贸易公约》（CITES）附录II、《中国物种红色名录》收录。

【用　　途】可配植于假山石上供观赏。

147. 密花石豆兰 *Bulbophyllum odoratissimum* (J. E. Smith) Lindl.

【别　　名】香石豆兰

【科　　属】兰科石豆兰属

【形态特征】附生低矮草本。根状茎粗2～4毫米，分枝，被筒状膜质鞘，在每相距4～8厘米处生1个假鳞茎。假鳞茎近圆柱形，直立，长2.5～5厘米，中部通常粗3～6毫米，有时达9毫米，顶生1枚叶，幼时在基部被3～4枚鞘。叶革质，长圆形，长4～13.5厘米，宽0.8～2.6厘米，先端钝并且稍凹入，基部收窄，近无柄。花葶淡黄绿色，从假鳞茎基部发出，1～2个，最长达14厘米；总状花序缩短呈伞状，密生10余朵花；花稍有香气，初时萼片和花瓣白色，以后萼片和花瓣的中部以上转变为橘黄色。花期：4～8月。

【分布与习性】分布于广西、福建、广东、香港、四川、云南和西藏等。生于混交林中树干上或山谷岩石上。尼泊尔、不丹、印度东北部、缅甸、泰国、老挝和越南等也有分布。

【珍稀度】国家II级重点保护野生植物；被《濒危野生动植物种国际贸易公约》（CITES）附录II、《中国物种红色名录》收录。

【用　　途】花多且香，供观赏。

148. 黄兰 *Cephalantheropsis gracilis* (Lindl.) S. Y. Hu

【别　　名】长茎虾脊兰、绿花肖头蕊兰、长轴鹤顶兰、细茎鹤顶兰、细葶虾脊兰

【科　　属】兰科黄兰属

【形态特征】多年生草本，株高达1米。茎直立，圆柱形，长达60厘米，具多数节，节间长5～10厘米，被筒状膜质鞘。叶5～8枚，互生于茎上部，纸质，长圆形或长圆状披针形，先端急尖或渐尖。花葶2～3个，从茎的中部以下节上发出，直立，细圆柱形，长达60厘米，不分枝或少有在基部具1～2个分枝；花序柄疏生3～4枚长3～5厘米的鞘；花青绿色或黄绿色。蒴果圆柱形，长1.5～2厘米，粗8～10毫米，具棱。花期：9～12月；果期：11月至次年3月。

【分布与习性】分布于广西、福建、台湾、广东、香港和海南。常生于海拔约450米的密林下。印度、缅甸、老挝、越南、泰国、马来西亚、菲律宾和日本等也有分布。

【珍 稀 度】近危种；国家II级重点保护野生植物；被《濒危野生动植物种国际贸易公约》(CITES)附录II、《中国物种红色名录》收录。

【用　　途】可植于阴处供观赏。

149. 尖喙隔距兰 *Cleisostoma rostratum* (Lodd.) Seidenf. ex Averyan

【别　　名】剑叶隔距兰、福氏隔距兰

【科　　属】兰科隔距兰属

【形态特征】附生草本。茎伸长，近圆柱形，长20～45厘米，粗约5毫米，有时上部分枝，具多节，节间长2～3厘米。叶二列，革质，扁平，狭披针形，长9～15厘米，宽7～13毫米，先端急尖，近先端处骤然缢缩而向先端收窄，基部稍收窄，具1个关节和扩大成鞘；叶鞘革质，紧抱于茎。花序对生于叶，出自茎上部，斜出，比叶短，不分枝；总状花序疏生许多花；花开展，萼片和花瓣黄绿色带紫红色条纹；花瓣近长圆形，唇瓣紫红色，3裂；侧裂片直立，近三角形。花期：7～8月。

【分布与习性】分布于广西、香港、海南、贵州和云南等。生于常绿阔叶林中树干上或石灰山的灌木林树枝上和阴湿岩石上。泰国、老挝和越南等也有分布。

【珍　稀　度】国家II级重点保护野生植物；被《濒危野生动植物种国际贸易公约》（CITES）附录II、《中国物种红色名录》收录。

【用　　途】叶排成两列，犹如飞天蜈蚣，花式多样，供观赏。

150. 流苏贝母兰 *Coelogyne fimbriata* Lindl.

【别　　名】流苏齿贝母兰

【科　　属】兰科贝母兰属

【形态特征】附件草本。根状茎较细长。假鳞茎在根状茎上相距2～8厘米，狭卵形至近圆柱形，顶端生2枚叶，基部具2～3枚鞘；鞘卵形，长1～2厘米，老时脱落。叶长圆形或长圆状披针形，纸质，长4～10厘米，宽1～2厘米，急端急尖；叶柄长1～2厘米。花葶从已长成的假鳞茎顶端发出，长5～10厘米，基部套叠有数枚圆筒形的鞘；鞘紧密围抱花葶；总状花序通常具1～2朵花，但同一时间只有1朵开放；花序轴顶端为数枚白色苞片所覆盖；花淡黄色或近白色，仅唇瓣上有红色斑纹。蒴果倒卵形，长1.8～2厘米，粗约1厘米；果梗长6～7毫米。花期：8～10月；果期：翌年4～8月。

【分布与习性】分布于我国华南和西南各省区。生于溪旁石上或林缘树干上。越南、老挝、柬埔寨和马来西亚等也有分布。

【珍 稀 度】国家II级重点保护野生植物；被《濒危野生动植物种国际贸易公约》（CITES）附录II、《中国物种红色名录》收录。

【用　　途】为观赏植物。

151. 建兰 *Cymbidium ensifolium* (L.) Sw.

【别　　名】四季兰

【科　　属】兰科兰属

【形态特征】多年生草本。假鳞茎卵球形，长1.5～2.5厘米，宽1～1.5厘米，包藏于叶基之内。叶2～6枚丛生，带形，较柔软，弯曲而下垂，薄革质，略有光泽，顶端渐尖，边缘有不甚明显的钝齿。花葶直立，较叶为短，高20～35厘米，通常有4～7花，最多达13朵花；花浅黄绿色，有清香气；花瓣较短，互相靠拢，色浅而有紫色斑纹。蒴果狭椭圆形，长5～6厘米，宽约2厘米。花期：6～10月；果期：8～12月。

【分布与习性】分布于我国华南、华东、中南、西南。生于山坡林下或路旁。印度经泰国至日本也有分布。

【珍 稀 度】易危种，国家II级重点保护野生植物；被《濒危野生动植物种国际贸易公约》（CITES）附录II、《中国物种红色名录》收录。

【用　　途】供盆栽观赏。

152. 多花兰 *Cymbidium floribundum* Lindl.

【别　　名】石兰

【科　　属】兰科兰属

【形态特征】多年生草本。假鳞茎近卵球形，长2.5～3.5厘米，宽2～3厘米，稍压扁，包藏于叶基之内。叶通常5～6枚，带形，坚纸质，长22～50厘米，宽8～18毫米，先端钝或急尖，中脉与侧脉在背面凸起，关节在距基部2～6厘米处。花葶自假鳞茎基部穿鞘而出，近直立或外弯，长16～35厘米；花序通常具10～40朵花；花较密集，直径3～4厘米，一般无香气；萼片与花瓣红褐色或偶见绿黄色，极罕灰褐色，唇瓣白色而在侧裂片与中裂片上有紫红色斑，褶片黄色；萼片狭长圆形，长1.6～1.8厘米；花瓣狭椭圆形，长1.4～1.6厘米。蒴果近长圆形，长3～4厘米，宽1.3～2厘米。花期：4～8月。

【分布与习性】分布于广西、浙江、江西、福建、台湾、湖北、湖南、广东、四川、贵州和云南。生于林中或林缘树上，或溪谷旁透光的岩石上或岩壁上。

【珍稀度】易危种；国家II级重点保护野生植物；被《濒危野生动植物种国际贸易公约》（CITES）附录II、《中国物种红色名录》收录。

【用　　途】盆栽观赏。

153. 春兰 *Cymbidium goeringii* (Rchb. f.) Rchb. f.

【别　　名】草兰

【科　　属】兰科兰属

【形态特征】多年生草本。假鳞茎较小，卵球形，长1～2.5厘米，宽1～1.5厘米，包藏于叶基之内。叶4～7枚，带形，长20～60厘米，宽5～9毫米，下部常多少对折而呈V形，边缘无齿或具细齿。花葶从假鳞茎基部外侧叶腋中抽出，直立，长3～20厘米，极罕更高，明显短于叶；花序具单朵花，少2朵；花苞片长而宽，一般长4～5厘米，多少围抱子房；花梗和子房长2～4厘米；花色泽变化较大，通常为绿色或淡褐黄色而有紫褐色脉纹，有香气。蒴果狭椭圆形，长6～8厘米，宽2～3厘米。花期：1～3月；果期4～8月。

【分布与习性】分布于广西、陕西、甘肃、江苏、安徽、浙江、江西、福建、台湾、河南、湖北、湖南、广东、四川、贵州和云南等。生于多石山坡、林缘、林中透光处。日本与朝鲜半岛南端也有分布。

【珍稀度】易危种；国家II级重点保护野生植物；被《濒危野生动植物种国际贸易公约》(CITES)附录II、《中国物种红色名录》收录。

【用　　途】为观赏植物。

154. 寒兰 *Cymbidium kanran* Makino

【别　　名】夏寒兰、秋寒兰

【科　　属】兰科兰属

【形态特征】多年生草本。假鳞茎狭卵球形，包藏于叶基之内。叶3～7枚，带形，长40～70厘米，宽9～17毫米，前部边缘常有细齿，薄革质，暗绿色。花葶发自假鳞茎基部，直立；总状花序疏生5～12朵花；花苞片狭披针形；花常为淡黄绿色而具淡黄色唇瓣，也有其他色泽，常有浓烈香气。蒴果狭椭圆形。花期：8～12月。

【分布与习性】分布于广西、安徽、浙江、江西、福建、台湾、湖南、广东、海南、四川、贵州和云南。生于林下、溪谷旁或稍荫蔽、湿润、多石之土壤上。日本、朝鲜半岛南端也有分布。

【珍稀度】易危种；国家II级重点保护野生植物；被《濒危野生动植物种国际贸易公约》（CITES）附录II、《中国物种红色名录》收录。

【用　　途】叶姿优雅俊秀，花色艳丽多变，香味清醇久远，供盆栽观赏。

155. 钩状石斛 *Dendrobium aduncum* Lindl.

【别　　名】钩状石斛兰

【科　　属】兰科石斛属

【形态特征】附生草本。茎丛生，圆柱形，长50～100厘米，粗2～5毫米，不分枝，具多个节，节间长3～3.5厘米，干后淡黄色。叶长圆形或狭椭圆形，长7～10.5厘米，宽1～3.5厘米，先端急尖并且钩转，基部具抱茎的鞘。总状花序通常数个，出自落了叶或具叶的老茎上部，花序轴纤细，长1.5～4厘米，多少回折状弯曲，疏生1～6朵花；花开展，萼片和花瓣淡粉红色；中萼片长圆状披针形，长1.6～2厘米，宽7毫米；侧萼片斜卵状三角形，与中萼片等长而宽得多，先端急尖，具5条脉，基部歪斜；萼囊明显坛状，长约1厘米；花瓣长圆形，长1.4～1.8厘米，宽7毫米，先端急尖，具5条脉；唇瓣白色，朝上，凹陷呈舟状。花期：5～6月。

【分布与习性】分布于广西、湖南、广东、香港、海南、贵州和云南。生于海拔山地林中树干上。不丹、印度、缅甸、泰国和越南也有分布。

【珍稀度】易危种；国家II级重点保护野生植物；被《濒危野生动植物种国际贸易公约》(CITES)附录II、《中国物种红色名录》收录。

【用　　途】为观赏植物。

156. 流苏石斛 *Dendrobium fimbriatum* Hook.

【别　　名】流苏石斛兰

【科　　属】兰科石斛属

【形态特征】附生草本。茎粗壮，斜立或下垂，质地硬，圆柱形或有时基部上方稍呈纺锤形，不分枝，具多数节，干后淡黄色或淡黄褐色，具多数纵槽。叶二列，革质，长圆形或长圆状披针形，先端急尖，有时稍2裂，基部具紧抱于茎的革质鞘。花序轴较细；鞘膜质，筒状；花苞片膜质，卵状三角形，先端锐尖；花梗和子房浅绿色；花金黄色，开展，稍具香气；中萼片长圆形，具5条脉；侧萼片卵状披针形，与中萼片等长而稍较狭，具5条脉；花瓣长圆状椭圆形，先端钝，边缘微啮蚀状，具5条脉；唇瓣比萼片和花瓣的颜色深，近圆形，基部两侧具紫红色条纹并且收狭为长约3毫米的爪，边缘具复流苏。花期：4～6月。

【分布与习性】分布于广西、贵州和云南。生于密林中树干上或山谷阴湿岩石上。印度、尼泊尔、不丹、缅甸、泰国和越南也有分布。

【珍 稀 度】易危种；国家II级重点保护野生植物；被《濒危野生动植物种国际贸易公约》（CITES）附录II、《中国物种红色名录》收录。

【用　　途】可作观赏植物。

157. 蛇舌兰 *Diploprora championii* (Lindl.) Hook. f.

【别　　名】倒吊兰、黄吊兰

【科　　属】兰科蛇舌兰属

【形态特征】附生草本。茎质地硬，圆柱形或稍扁的圆柱形，常下垂，长3～15厘米或更长，粗约4毫米，通常不分枝，节间长1～1.5厘米。叶纸质，镰刀状披针形或斜长圆形，顶端钝或微凹。总状花序与叶对生，花略肉质，萼片和花瓣淡黄色，唇瓣白色带玫瑰色。花期：2～8月；果期：3～9月。

【分布与习性】分布于广西、香港、海南、台湾、福建、广东和云南。生于山谷岩石上或树上。斯里兰卡、印度、缅甸、泰国和越南也有。

【珍 稀 度】国家II级重点保护野生植物；被《濒危野生动植物种国际贸易公约》（CITES）附录II、《中国物种红色名录》收录。

【用　　途】全株供观赏；也供药用，有散瘀消肿作用，治跌打损伤。

158. 对茎毛兰 *Eria pusilla* (Griff.) Lindl.

【别　　名】蒲氏毛兰

【科　　属】兰科毛兰属

【形态特征】植株矮小，高2～3厘米；根状茎细长，被灰白色膜质鞘，每隔2～5厘米着生一对假鳞茎；假鳞茎，近半球形，直径约3～5毫米。叶2～3枚，从对生的假鳞茎之间发出，倒卵状披针形、倒卵形或近椭圆形，长7～10毫米，宽2～4毫米，先端骤然收狭而成长1～1.5毫米的芒，具5条主脉，靠近中央的第一对侧脉在叶片顶端与中央脉连接；叶柄具关节。花序从叶内侧发出，纤细，长1～1.5厘米，具1～2朵花；花瓣卵形；唇瓣披针形。花期：10～11月。

【分布与习性】分布于广西、福建、香港、云南和西藏。生于海拔600～1500米的密林中阴湿岩石上。印度东北部、缅甸、越南和泰国也有分布。

【珍 稀 度】易危种；中国特有种；国家II级重点保护野生植物；被《濒危野生动植物种国际贸易公约》（CITES）附录II、《中国物种红色名录》收录。

【用　　途】可配植于假山观赏。

159. 玫瑰毛兰 *Eria rosea* Lindl.

【别　　名】玫瑰兰

【科　　属】兰科毛兰属

【形态特征】附生植物。根状茎粗壮，粗可达1厘米；假鳞茎密集或相距1～2厘米，老时膨大成卵形，长2～5厘米，粗1～2厘米，外面包被4枚鞘，老时鞘脱落，顶端着生1枚叶。叶厚革质，披针形或长圆状披针形，长16～40厘米，宽2～5厘米，先端钝或急尖，中脉在上面凹下，在背面显著凸出；叶柄长3～6厘米。花序从假鳞茎顶端发出，与叶近等长，中上部疏生2～5朵花；花梗和子房长1～3厘米；花白色或淡红色。蒴果圆柱形，长3～4厘米。花期：1～2月；果期：3～4月。

【分布与习性】分布于广西、香港和海南。生于密林中，附生于树干或岩石上。

【珍 稀 度】濒危种；中国特有种；国家II级重点保护野生植物；被《濒危野生动植物种国际贸易公约》(CITES)附录II、《中国物种红色名录》收录。

【用　　途】可栽为观赏植物。

160. 高斑叶兰 *Goodyera procera* (Ker-Gawl.) HK.

【别　　名】穗花斑叶兰、斑叶兰

【科　　属】兰科斑叶兰属

【形态特征】地生草本，植株高22～80厘米。根状茎短而粗，具节。茎直立，无毛，具6～8枚叶。叶片长圆形或狭椭圆形，长7～15厘米，宽2～5.5厘米，上面绿色，背面淡绿色，先端渐尖，基部渐狭，具柄；叶柄长3～7厘米，基部扩大成抱茎的鞘。花茎长12～50厘米，具5～7枚鞘状苞片；总状花序具多数密生的小花，似穗状，长10～15厘米，花序轴被毛；花苞片卵状披针形，先端渐尖；花小，白色带淡绿，芳香。花期：4～5月。

【分布与习性】分布于我国华南和西南。生于山坡林下、沟旁阴湿处。喜马拉雅至日本也有分布。

【珍 稀 度】国家II级重点保护野生植物；被《濒危野生动植物种国际贸易公约》（CITES）附录II、《中国物种红色名录》收录。

【用　　途】盆栽观赏，或插于瓶中水培观赏；全株药用，有止咳定喘、祛风利尿、强筋活力作用。

161. 鹅毛玉凤花 *Habenaria dentata* (Sw.) Schltr.

【别　　名】白凤兰、齿玉凤兰、鹅毛玉凤兰

【科　　属】兰科玉凤花属

【形态特征】地生草本植物，高35～87厘米。叶片长圆形至长椭圆形，先端急尖或渐尖，基部抱茎，干时边缘常具狭的白色镶边。总状花序常具多朵花，花序轴无毛；花白色，较大，花瓣直立，镰状披针形，不裂，侧裂片近菱形或近半圆形，宽7～8毫米，前部边缘具锯齿；中裂片线状披针形或舌状披针形，长5～7毫米，宽1.5～3毫米，先端钝，具3脉；距细圆筒状棒形，下垂，长达4厘米，中部稍向前弯曲，向末端逐渐膨大，中部以下绿色。花期：8～10月。

【分布与习性】分布于广西、安徽、浙江、江西、福建、台湾、湖北、湖南、广东、四川、贵州、云南和西藏。生于山坡林下或沟边。尼泊尔、印度、缅甸、越南、老挝、泰国、柬埔寨和日本也有分布。

【珍 稀 度】国家II级重点保护野生植物；被《濒危野生动植物种国际贸易公约》（CITES）附录II、《中国物种红色名录》收录。

【用　　途】块茎药用，有利尿消肿、壮腰补肾之效，治腰痛、疝气等症；花形奇特，供观赏。

162. 坡参 *Habenaria linguella* Lindl.

【别　　名】小舌玉凤花

【科　　属】兰科玉凤花属

【形态特征】草本，植株高20～75厘米。块茎肉质，长3～5厘米，直径1～2厘米。茎直立，具3～4枚较疏生的叶，叶之下具2～3枚筒状鞘，向上具3～9枚苞片状小叶，苞片状小叶披针形，先端长渐尖。叶片狭长圆形至狭长圆状披针形，长5～27厘米，宽1.2～2厘米，先端渐尖，基部抱茎。总状花序具9～20朵密生的花，长2.5～6厘米；花苞片线状披针形，长1.2～2.5厘米，先端长渐尖，边缘具缘毛，下部短于或长于子房；子房细圆柱状纺锤形；花小，细长，黄色或褐黄色。花期：6～8月。

【分布与习性】分布于广西、广东、香港、海南、贵州、云南。生于海拔500～2500米的山坡林下或草地。越南也有分布。

【珍　稀　度】近危种；国家II级重点保护植物；被《濒危野生动植物种国际贸易公约》(CITES)附录II、《中国物种红色名录》收录。

【用　　途】根药用，有润肺益肾、强壮筋骨等作用，主治肺热咳嗽、阳痿、劳伤腰痛、跌打损伤等。

163. 橙黄玉凤兰 *Habenaria rhodocheila* Hance

【别　　名】橙黄玉凤花、红唇玉凤花、飞机草、飞机花

【科　　属】兰科玉凤花属

【形态特征】草本，植株高8～35厘米。茎直立，圆柱形，下部具4～6枚叶，向上具1～3枚苞片状小叶。叶片线状披针形至近长圆形，基部抱茎。总状花序具2～10余朵疏生的花，长3～8厘米，萼片和花瓣绿色，唇瓣橙黄色、橙红色或红色；蒴果纺锤形，长约1.5厘米，先端具喙，果梗长约5毫米。花期：7～8月；果期：10～11月。

【分布与习性】分布于广西、江西、福建、湖南、广东、香港、海南和贵州等。生于海拔山坡或沟谷林下阴处地上或岩石上覆土中。越南、老挝、柬埔寨、泰国、马来西亚和菲律宾也有分布。

【珍 稀 度】国家II级重点保护野生植物；被《濒危野生动植物种国际贸易公约》（CITES）附录II、《中国物种红色名录》收录。

【用　　途】唇瓣形似展翅的飞机，形状奇特，颜色鲜艳，耐旱，抗性强，可配植于石上或盆栽供观赏。

164. 白肋翻唇兰 *Hetaeria cristata* Bl.

【别　　名】白肋角唇兰、白点伴兰、伴兰、红花伴兰

【科　　属】兰科翻唇兰属

【形态特征】地生草本，高10～25厘米。根状茎伸长，匍匐，具节。茎暗红褐色，具数枚叶。叶片偏斜的卵形或卵状披针形，长3～9厘米，宽1.5～4厘米，沿中肋具1条白色条纹或白色条纹不显著，背面淡绿色，具柄，叶柄长1～2.5厘米。花茎直立，长5～15厘米，被毛，具1～3枚鞘状苞片；总状花序具3～15朵疏生的花；花苞片卵状披针形，褐红色，边缘撕裂状；花小，红褐色，半张开；萼片背面被毛，红褐色，具1脉，中萼片宽卵形；花瓣偏斜，卵形，白色，极不等侧。花期：9～10月。

【分布与习性】分布于广西、香港和台湾。生于山坡林下。日本、菲律宾、印度尼西亚也有分布。

【珍 稀 度】国家II级重点保护野生植物；被《濒危野生动植物种国际贸易公约》（CITES）附录II、《中国物种红色名录》收录。

【用　　途】盆栽观赏。

165. 镰翅羊耳蒜 *Liparis bootanensis* Griff.

【别　　名】镰羽羊耳蒜

【科　　属】兰科羊耳蒜属

【形态特征】附生兰。假鳞茎狭矩圆形或卵状圆锥形，具1叶。叶片近革质，狭矩圆形至倒披针形，纸质或坚纸质，长5～22厘米，宽5～33毫米，先端渐尖，基部渐狭为柄。花葶近等长于叶，稍具翅；总状花序外弯或下垂，长5～12厘米，具数朵至20余朵花；花苞片狭披针形，长3～13毫米；花梗和子房长4～15毫米；花通常黄绿色，有时稍带褐色，较少近白色。蒴果倒卵状椭圆形，长8～10毫米，宽5～6毫米；果梗长8～10毫米。花期：8～10月；果期：3～5月。

【分布与习性】分布于广西、广东、福建、台湾、湖南、云南、四川、贵州、西藏。附生于山谷岩石上和林中树上。不丹、印度也有分布。

【珍 稀 度】国家II级重点保护野生植物；被《濒危野生动植物种国际贸易公约》（CITES）附录II、《中国物种红色名录》收录。

【用　　途】可配植于假山或石头上观赏。

166. 见血青 *Liparis nervosa* (Thunb. ex A. Murray) Lindl.

【别　　名】显脉羊耳蒜

【科　　属】兰科羊耳蒜属

【形态特征】草本。茎圆柱形，肥厚，肉质，有数节，长2～10厘米，直径5～10毫米，通常包藏于叶鞘之内，上部有时裸露。叶常3～5枚，互生于茎上，膜质，卵状椭圆形或斜卵圆形。苞片小，卵状三角形；花紫红色；中萼片狭披针形；侧萼片镰状矩圆形；唇瓣倒卵状楔形。蒴果倒卵状长圆形或狭椭圆形，长约1.5厘米，宽约6毫米；果梗长4～7毫米。花期：1～7月；果期：秋季。

【分布与习性】分布于华东、华南至西南各省区。生于林中阴湿处或岩石上。广布于热带、亚热带地区。

【珍 稀 度】国家II级重点保护野生植物；被《濒危野生动植物种国际贸易公约》（CITES）附录II、《中国物种红色名录》收录。

【用　　途】全草药用，有生津、散瘀、清肺、止吐血等作用，治各种咯血、痨伤咳嗽、肺肾阴虚咯血、肠风下血、血崩、拔脓生肌、刀伤等；也供观赏。

167. 长茎羊耳蒜 *Liparis viridiflora* (Bl.) Lindl.

【别　　名】绿花羊耳蒜

【科　　属】兰科羊耳蒜属

【形态特征】附生草本。叶线状倒披针形或线状匙形，纸质，长3～18厘米，直径3～12毫米，顶端具2叶。花葶长14～30厘米，外弯；花绿白色或淡绿黄色，较密集；中萼片近椭圆状长圆形，先端钝，边缘外卷；侧萼片卵状椭圆形，略宽于中萼片；花瓣狭线形，先端浑圆；唇瓣近卵状长圆形，先端近急尖或具短尖头，边缘略呈波状，从中部向外弯，无胼胝体；蕊柱长1.5～2毫米，稍向前弯曲，顶端有翅，基部略扩大。蒴果倒卵状椭圆形。花期：9～12月；果期：翌年1～4月。

【分布与习性】分布于广西、台湾、广东、海南、四川、云南和西藏。生于林中或山谷阴处的树上或岩石上，海拔200～2300米。尼泊尔、不丹、印度、缅甸、孟加拉、越南、老挝和柬埔寨等也有分布。

【珍 稀 度】国家II级重点保护野生植物；被《濒危野生动植物种国际贸易公约》（CITES）附录II、《中国物种红色名录》收录。

【用　　途】可栽为观赏植物。

168. 阔叶沼兰 *Malaxis latifolia* J. E. Smith

【别　　名】大叶沼兰

【科　　属】兰科沼兰属

【形态特征】地生或半附生草本，具肉质茎。肉质茎圆柱形，长2～20厘米，包藏于叶鞘之内，在叶枯萎后多少外露。叶通常4～5枚，斜卵状椭圆形、卵形或狭椭圆状披针形，长7～25厘米，宽4～9厘米，先端渐尖或长渐尖，基部收狭成柄；叶柄鞘状米，抱茎。花葶长15～60厘米，具很狭的翅；总状花序长5～25厘米，具数十朵或更多的花；花紫红色至绿黄色，密集，较小。蒴果倒卵状椭圆形，直立，长6～7毫米，宽3～4毫米；果梗长2～3毫米。花期：5～8月；果期：8～12月。

【分布与习性】分布于广西、广东、福建、台湾、海南和云南。生于林下、灌丛中或溪谷旁荫蔽处的岩石上。尼泊尔、印度、缅甸、越南、老挝、柬埔寨、泰国、马来西亚、印度尼西亚、菲律宾、日本、新几内亚岛和澳大利亚也有。

【珍　稀　度】国家II级重点保护野生植物；被《濒危野生动植物种国际贸易公约》（CITES）附录II、《中国物种红色名录》收录。

【用　　途】花序奇特，可盆栽观赏。

169. 心叶球柄兰 *Mischobulbum cordifolium*（Hook. f.）Schltr.

【别　　名】葵兰

【科　　属】兰科球柄兰属

【形态特征】地生草本，具匍匐根状茎和假鳞茎。假鳞茎似叶柄状，顶生1枚叶。叶肉质，上面灰绿色带深绿色斑块，背面具灰白色条带，卵状心形，长7～15厘米，宽4～8厘米，先端急尖，基部心形，具3条弧形脉。花葶直立，长达25厘米；总状花序长约6厘米，具3～5朵花，萼片和花瓣褐色带紫褐色脉纹。花期：5～7月。

【分布与习性】分布于广西、福建、台湾、广东、香港和云南。生于沟谷林下阴湿处。越南也有分布。

【珍 稀 度】中国特有种；国家II级重点保护野生植物；被《濒危野生动植物种国际贸易公约》（CITES）附录II、《中国物种红色名录》收录。

【用　　途】为观赏植物。

170. 紫纹兜兰 *Paphiopedilum purpuratum* (Lindl.) Stein

【别　　名】紫唇兜兰、虎纹兜兰

【科　　属】兰科兜兰属

【形态特征】地生或半附生植物。叶基生，二列，3～8枚；叶片狭椭圆形或长圆状椭圆形，长7～18厘米，宽2.3～4.2厘米，先端近急尖并有2～3个小齿，上面具暗绿色与浅黄绿色相间的网格斑，背面浅绿色，基部收狭成叶柄状并对折而互相套叠，边缘略有缘毛。花葶直立，长12～23厘米，紫色，密被短柔毛，顶端生1花；花苞片卵状披针形，围抱子房，长1.6～2.4厘米，宽约1厘米；花直径7～8厘米；花瓣近长圆形，长3.5～5厘米，宽1～1.6厘米，先端渐尖；唇瓣倒盔状，基部具宽阔的、长1.5～1.7厘米的柄；囊近宽长圆状卵形，向末略变狭，长2～3厘米，宽2.5～2.8厘米，囊口极宽阔，两侧各具1个直立的耳，两耳前方的边缘不内折。花期：10月至翌年1月。

【分布与习性】分布于广西、广东、香港、广西和云南。生于林下腐殖质丰富且多石之地。越南也有。

【珍 稀 度】濒危种；国家II级重点保护野生植物；被《濒危野生动植物种国际贸易公约》(CITES)附录II、《中国物种红色名录》收录。

【用　　途】植株及花奇特，为优良观赏植物。

171. 石仙桃 *Pholidota chinensis* Lindl.

【别　　名】石橄榄、大号石橄榄、双叶石橄榄、薄叶石橄榄

【科　　属】兰科石仙桃属

【形态特征】陆生或附生草本。根状茎粗壮，匍匐，直径3～8毫米或更粗，具较密的节和较多的根，相距5～15毫米或更短距离生假鳞茎；假鳞茎矩圆形或卵状矩圆形，大小变化甚大，一般长1.6～8厘米，宽5～23毫米，肉质，顶生2叶。叶椭圆状披针形或倒披针形，基部收狭成短柄。总状花序常外弯，具数朵至20余朵花，花白色或带黄色。蒴果倒卵状椭圆形，长1.5～3厘米，宽1～1.6厘米，有6棱，3个棱上有狭翅；果梗长4～6毫米。花期：4～5月；果期：9月～翌年1月。

【分布与习性】分布于广西、广东、香港、台湾、福建、江西、浙江和湖南。生于林中或荫蔽处的岩石上。越南也有分布。

【珍 稀 度】国家II级重点保护野生植物；被《濒危野生动植物种国际贸易公约》（CITES）附录II、《中国物种红色名录》收录。

【用　　途】假鳞茎药用，有润肺止咳、凉血解毒等功效，治肺结核咯血、肺燥咳嗽、胃及十二指肠溃疡、跌打肿痛、慢性骨髓炎等。

172. 绶草 *Spiranthes sinensis* (Pers.) Ames

【别　　名】盘龙参、龙抱柱

【科　　属】兰科绶草属

【形态特征】草本，高13～30厘米。茎较短，近基部生2～5枚叶。叶片宽线形或宽线状披针形，罕为狭长圆形，直立伸展，长3～10厘米，宽0.5～1厘米，先端急尖或渐尖，基部收狭具柄状抱茎的鞘。花茎直立，长10～25厘米，上部被腺状柔毛至无毛；总状花序具多数密生的花，长4～10厘米，呈螺旋状扭转；花苞片卵状披针形，先端长渐尖，下部的长于子房；子房纺锤形，扭转，被腺状柔毛，连花梗长4～5毫米；花小，紫红色、粉红色或白色，在花序轴上呈螺旋状排生。花期：7～8月。

【分布与习性】分布于全国各地。生于山坡林下、灌丛下、草地或河滩沼泽草甸中。俄罗斯、蒙古、朝鲜、日本、阿富汗至不丹、印度、缅甸、越南、泰国、菲律宾、马来西亚、澳大利亚也有分布。

【珍 稀 度】国家II级重点保护野生植物；被《濒危野生动植物种国际贸易公约》（CITES）附录II、《中国物种红色名录》收录。

【用　　途】全株供观赏；也供药用。

173．白点兰 *Thrixspermum centipeda* Lour.

【别　　名】蜈蚣白点兰

【科　　属】兰科白点兰属

【形态特征】草本。茎质地硬，多少扁圆柱形，长达20厘米。叶二列互生，稍肉质，长圆形，先端钝并且不等侧2裂，基部楔形收狭，具1个关节和抱茎的鞘。花序单一或成对与叶对生，向外伸展或斜立，比叶长或短；花序柄扁的，常在两侧边缘具透明的翅；花苞片宿存，紧密排成二列，肉质，两侧对折呈牙齿状；花白色或奶黄色，后变为黄色，质地厚；侧萼片相似于中萼片；花瓣狭镰刀状披针形。花期：6～7月。

【分布与习性】分布于广西、广东、海南、香港、云南。通常生于山地林中树干上。不丹、印度、缅甸、泰国、老挝、柬埔寨、越南、马来西亚、印度尼西亚等也有分布。

【珍稀度】国家II级重点保护野生植物；被《濒危野生动植物种国际贸易公约》（CITES）附录II、《中国物种红色名录》收录。

【用　　途】可盆栽观赏。

参考文献

[1] 于永福. 中国野生植物保护工作的里程碑——《国家重点保护野生植物名录（第一批）》[J]. 植物杂志，1999，5：3～11.

[2] 广东省环境保护局，中国科学院华南植物研究所. 广东珍稀濒危植物图谱[M]. 北京：中国环境科学出版社，1988.

[3] 中华人民共和国濒危物种科学委员会. 濒危野生动植物种国际贸易公约附录Ⅰ、附录Ⅱ、附录Ⅲ（植物部分）[EB/OL]. http：//www.cites.org.cn/article/show.php?itemid=857.

[4] 中国科学院中国植物志编辑委员会. 中国植物志（1～80卷)[M]. 北京：科学出版社，1959～2004.

[5] 中国科学院华南植物园. 广东植物志（1～9卷)[M]. 广州：广东科技出版社，1987～2009.

[6] 中国科学院植物研究所. 中国高等植物图鉴（1～5册)[M]. 北京：科学出版社，1972～1976.

[7] 史艳财，唐健民，柴胜丰，等. 广西特有珍稀濒危植物小花异裂菊遗传多样性分析[J]. 广西植物，2017，37(01)：9-14.

[8] 李光照，黄仕训. 广西珍稀濒危植物区系的基本特征[J]. 广西植物，1995(03)：220-223.

[9] 李先琨. 广西珍稀濒危植物优先保护评价[J]. 广西科学院学报，1997(03)：10～17.

[10] 李先琨. 广西珍稀濒危植物观赏特性及其开发利用[J]. 广西科学院学报，1996(Z1)：22-29，53.

[11] 李先琨. 广西珍稀濒危植物资源的保护与开发利用[J]. 自然资源，1995(03)：69～74.

[12] 李镇魁，冯志坚，薛春泉等. 广东省国家重点保护野生珍稀濒危植物资源与利用[J]. 中国野生植物资源，2002，21(3)：14～17

[13] 李镇魁. 广东省珍稀濒危植物资源及其开发利用[J]. 广东林业科技，2001，17(3)：33-36.

[14] 汪松，解焱，等. 中国物种红色名录（第一卷)[M]. 北京：高等教育出版社，2004.

[15] 宋朝枢，徐荣章，张清华. 中国珍稀濒危保护植物[M]. 北京：中国林业出版社，1989.

[16] 陆耀东，赖惠清，李镇魁，等. 观赏珍稀濒危植物[M]. 广州：广东科技出版社，2012.

[17] 国家环保局，中国科学院植物研究所. 中国植物红皮书——稀有濒危植物（第1册)[M]. 北京：科学出版社，1992.

[18] 国家环境保护局自然保护司保护区与物种管理处. 珍稀濒危植物保护与研究[M].北京：中国环境科学出版社，1991.

[19] 罗探基，李镇魁. 广东象头山国家级自然保护区珍奇特有植物[M]. 广州：广东人民出版社，2014.

[20] 和太平，温远光，文祥凤，等. 广西十万大山自然保护区植物资源[J]. 中国野生植物资源，2004(01)：23～26.

[21] 和太平，谭伟福，温远光，等. 十万大山国家级自然保护区珍稀濒危植物的多样性[J].广西农业生物科学，2007(02)：125～131.

[22] 傅立国. 中国珍稀濒危植物[M].上海：上海教育出版社，1989.

[23] 傅立国. 中国高等植物（1～12卷)[M]. 青岛：青岛出版社，1999～2009.

[24] 赖家业，兰健，刘凯，等. 广西珍稀濒危植物研究概况[J]. 广西林业科学，2004(04)：186～189.

[25] 戴宝合. 资源植物学[M]. 北京：农业出版社，1993.

附录1　防城港古树一览表

序号	种名	一级古树数量（株）	二级古树数量（株）	三级古树数量（株）	合计（株）
1.	油杉 *Keteleeria fortunei* (Murr.) Carr.			7	7
2.	南亚松 *Pinus latteri* Mason			1	1
3.	马尾松 *Pinus massoniana* Lamb.		1	13	14
4.	鸡毛松 *Dacrycarpus imbricatus* var. *patulus* de Laub.	1		1	2
5.	罗汉松 *Podocarpus macrophyllus* D. Don			1	1
6.	八角 *Illicium verum* Hook. f.			13	13
7.	樟 *Cinnamomum camphora* (L.) J.Presl	1	3	54	58
8.	黄樟 *Cinnamomum parthenoxylon* (Jack) Meissn			1	1
9.	豺皮樟 *Litsea rotundifolia* Hemsl. var. *oblongifolia* (Nees) Allen			3	3
10.	纳槁润楠 *Machilus nakao* S. Lee			4	4
11.	树头菜 *Crateva unilocalaris* Buch.-Ham.			1	1
12.	阳桃 *Averrhoa carambola* L.	1	1	15	17
13.	斯里兰卡天料木 *Homalium ceylanicum* (Gardner) Benth.			3	3
14.	显脉金花茶 *Camellia euphlebia* Merr. ex Sealy			1	1
15.	银木荷 *Schima argentea* Pritz. ex Diels		1	4	5
16.	木荷 *Schima superba* Gardn. et Champ.			8	8
17.	狭叶坡垒*Hopea chinensis* Hand.-Mazz		2	66	68
18.	乌墨 *Syzygium cumini* (L.) Skeels			14	14
19.	红鳞蒲桃 *Syzygium hancei* Merr. et Perry		1	346	347
20.	桂南蒲桃 *Syzygium imitans* Merr. et Perry			1	1
21.	水翁蒲桃 *Syzygium nervosum* DC.		1	20	21
22.	香蒲桃 *Syzygium odoratum* (Lour.) DC.			1	1
23.	锈毛红厚壳 *Calophyllum retusum* Wall.			1	1
24.	华杜英 *Elaeocarpus chinensis* (Gardn. et Chanp.) Hook. f. ex Benth.		1	3	4
25.	银叶树 *Heritiera littoralis* Dryand.			11	11
26.	假苹婆 *Sterculia lanceolata* Cav.			5	5

（续表）

序号	种名	一级古树数量（株）	二级古树数量（株）	三级古树数量（株）	合计（株）
28.	木棉*Bombax ceiba* L.		1	4	5
29.	五月茶 *Antidesma bunius* (L.) Spreng.			1	1
30.	秋枫 *Bischofia javanica* Bl.			9	9
31.	黄桐 *Endospermum chinense* Benth.		2	12	14
32.	海红豆 *Adenanthera pavonina* L. var. *microsperma* (Teijsm. et Binnend.) Nielsen			4	4
33.	合欢 *Albizia julibrissi*n Durazz.			2	2
34.	阔荚合欢 *Albizia lebbeck* (L.) Benth.			1	1
35.	格木 *Erythrophleum fordii* Oliv.	1		3	4
36.	仪花 *Lysidice rhodostegia* Hance			1	1
37.	中国无忧花 *Saraca dives* Pierre			1	1
38.	刺桐 *Erythrina variegata* L.			2	2
39.	肥荚红豆 *Ormosia fordiana* Oliv.			2	2
40.	柔毛红豆 *Ormosia pubescens* R. H. Chang	1	1	6	8
41.	蕈树 *Altingia chinensis* (Champ.) Oliv. ex Hance			49	49
42.	枫香树 *Liquidambar formosana* Hance			33	33
43.	锥 *Castanopsis chinensis* (Spreng.) Hance			15	15
44.	红锥 *Castanopsis hystrix* Hook. f. & Thomson ex A. DC			28	28
45.	公孙锥 *Castanopsis tonkinensis* Seem.			1	1
46.	栎子青冈*Cyclobalanopsis blakei* (Skan) Schottky			1	1
47.	碟斗青冈*Cyclobalanopsis disciformis* Y. C. Hsu et H. W. Jen			1	1
48.	青冈 *Cyclobalanopsis glauca* (Thunb.) Oerst.			2	2
49.	亮叶青冈 *Cyclobalanopsis phanera* (Chun) Y. C. Hsu et H. W.			3	3
50.	滇糙叶树 *Aphananthe cuspidata* (Bl.) Planch.		1	4	5
51.	朴树 *Celtis sinensis* Pers.			11	11
52.	假玉桂 *Celtis timorensis* Span.			1	1
53.	白颜树 *Gironniera subaequalis* Planch.			4	4
54.	见血封喉 *Antiaris toxicaria* Lesch.		1	2	3
55.	波罗蜜 *Artocarpus heterophyllus* Lam.			5	5
56.	桂木 *Artocarpus nitidus* subsp. *lingnanensis* (Merr.) Jarr.			4	4

（续表）

序号	种名	一级古树数量（株）	二级古树数量（株）	三级古树数量（株）	合计（株）
57.	高山榕 *Ficus altissima* Bl.	4	22	112	138
58.	垂叶榕 *Ficus benjamina* L.			2	2
59.	雅榕 *Ficus concinna* (Miq.) Miq.			3	3
60.	榕树 *Ficus microcarpa* L.f.		12	188	200
61.	聚果榕 *Ficus racemosa* L.			1	1
62.	黄葛树 *Ficus virens* Ait.		3	22	25
63.	铁冬青 *Ilex rotunda* Thunb.			18	18
64.	膝柄木 *Bhesa robusta* (Roxb.) D. Hou		1	2	3
65.	橄榄 *Canarium album* (Lour.) DC			121	121
66.	乌榄 *Canarium pimela* Leenh.			13	13
67.	山楝 *Aphanamixis polystachya* (Wall.) R. N. Parker			8	8
68.	龙眼 *Dimocarpus longan* Lour.		12	433	445
69.	杧果 *Mangifera indica* L.			1	1
70.	扁桃*Mangifera persiciformis* C.Y. Wu & T.L. Ming		3	242	245
71.	五色柿*Diospyros decandra* Lour.	5	6	21	32
72.	紫荆木 *Madhuca pasquieri* (Dubard) Lam			5	5
73.	糖胶树 *Alstonia scholaris* (L.) R. Br.		1	22	23
74.	山牡荆 *Vitex quinata* (Lour.) Will.			1	1
合计		14	77	2026	2117

附录2　防城港名木一览表

仅1科1属1种14株，即：

楝科Meliaceae

非洲楝属*Khaya* A. Juss

非洲楝（非洲桃花心木、塞楝、仙加树）*Khaya senegalensis* (Desr.) A. Juss.

是越南民主共和国前主席胡志明同志1960年赠送广西防城港东兴市人民友谊公园的树木。

附录3　防城港珍稀植物一览表

序号	珍稀度	极危	濒危	易危	近危	I级	II级	红皮书	红色名录	CITES	特有	广西重点
蕨类植物 Pteridophyta												
1.	松叶蕨 *Psilotum nudum* (L.) Beauv.			√								
2.	金毛狗 *Cibotium barometz* (L.)J. Sm.						√			√		
3.	粗齿桫椤 *Alsophila denticulata* Baker						√		√	√		
4.	大叶黑桫椤 *Alsophila gigantea* Wall. ex Hook.						√			√		
5.	桫椤 *Alsophila spinulosa* (Wall. ex Hook.) Tryon				√		√	√		√		
6.	黑桫椤 *Gymnosphaera podophylla* (Hook.) Copel.						√			√		
7.	水蕨 *Ceratopteris thalictroides* (L.) Brongn.			√			√					
8.	苏铁蕨 *Brainea insignis* (Hook.) J. Sm.				√		√					
9.	革舌蕨 *Scleroglossum pusillum* (Blume) Alderw.			√								
裸子植物 Gymnosperms												
10.	十万大山苏铁 *Cycas shiwandashanica* chang et Y.C.zhong		√			√				√		
11.	油杉 *Keteleeria fortunei* (Murr.) Carr.			√				√	√			
12.	南亚松 *Pinus latteri* Mason			√					√			
13.	福建柏 *Fokienia hodginsii* (Dunn) Henry et Thomas			√			√	√	√			
14.	鸡毛松 *Dacrycarpus imbricatus* var. *patulus* de Laub.			√				√	√			√
15.	长叶竹柏 *Nageia fleuryi* (Hickel) de Laubenf.							√	√			√
16.	竹柏 *Nageia nagi* (Thunb.) Kuntze		√						√			
17.	罗汉松 *Podocarpus macrophyllus* D. Don			√								
18.	百日青 *Podocarpus neriifolius* D. Don			√					√	√		√
19.	西双版纳粗榧 *Cephalotaxus mannii* Hook.f.		√			√		√	√			√
20.	穗花杉 *Amentotaxus argotaenia* (Hance) Pilger							√	√		√	√
21.	罗浮买麻藤 *Gnetum lofuense* C. Y. Cheng								√		√	
22.	小叶买麻藤 *Gnetum parvifolium* C. Y. Cheng ex Chun								√			
被子植物 Angiosperms												
23.	香港木兰 *Magnolia championi*i Benth.		√						√			
24.	红花木莲 *Manglietia insignis* (Wall.) Bl.			√				√	√			√
25.	香子含笑 *Michelia gioi* (A. Chev.) Sima et H. Yu		√				√	√	√		√	√
26.	乐东拟单性木兰 *Parakmeria lotungensis*(Chun et C. Tsoong)Law			√			√	√	√		√	√
27.	观光木 *Tsoongiodendron odorum* Chun			√			√	√	√			√

（续表）

序号	珍稀度	极危	濒危	易危	近危	I级	II级	红皮书	红色名录	CITES	特有	广西重点
28.	黑老虎 *Kadsura coccinea* (Lem.) A. C. Smith			√			√					
29.	天堂瓜馥木 *Fissistigma tientangense* Tsiang et P. T. Li		√								√	
30.	蕉木 *Oncodostigma hainanense* (Merr.) Tsiang et P. T. Li		√				√	√	√		√	√
31.	樟 *Cinnamomum camphora* (L.) J.Presl						√					
32.	纳槁润楠 *Machilus nakao* S. Lee				√							
33.	大叶风吹楠 *Horsfieldia kingii* (Hook. f.) Warb.			√			√	√	√			
34.	树头菜 *Crateva unilocalaris* Buch.-Ham.				√							
35.	土沉香 *Aquilaria sinensis* (Lour.) Spreng			√			√	√	√	√	√	
36.	海南大风子 *Hydnocarpus hainanensis* (Merr.) Sleum.			√			√	√	√			
37.	金平秋海棠 *Begonia baviensis* Gagnep.				√							
38.	显脉金花茶 *Camellia euphlebia* Merr. ex Sealy			√			√	√	√			√
39.	防城茶 *Camellia fangchengensis* S.Y. Liang et Y.C. Zheng	√					√		√		√	√
40.	淡黄金花茶 *Camellia flavida* H. T. Chang		√				√		√		√	√
41.	金花茶 *Camellia petelotii* (Merr.) Sealy			√			√	√	√			√
42.	紫茎 *Stewartia sinensis* Rehd. et Wils.							√	√		√	√
43.	阔叶猕猴桃 *Actinidia latifolia* (Gardn. et Champ.) Merr.						√					
44.	狭叶坡垒 *Hopea chinensis* Hand.-Mazz			√		√		√	√			
45.	锯叶竹节树 *Carallia pectinifolia* W. C. Ko		√					√	√			√
46.	薄叶红厚壳 *Calophyllum membranaceum* Gardn. & Champ.			√								
47.	锈毛红厚壳 *Calophyllum retusum* Wall.											√
48.	绢毛杜英 *Elaeocarpus nitentifolius* Merr. et Chun			√								
49.	银叶树 *Heritiera littoralis* Dryand.			√								√
50.	翻白叶树 *Pterospermum heterophyllum* Hance			√						√		
51.	粘木 *Ixonanthes chinensis* Champ.			√				√	√			√
52.	蝴蝶果 *Cleidiocarpon cavaleriei* (H. Lévl.) Airy Shaw			√				√	√			√
53.	榼子藤 *Entada phaseoloides* (L.) Merr.		√									
54.	阔裂叶羊蹄甲 *Bauhinia apertilobata* Merr. et Metc.				√						√	
55.	格木 *Erythrophleum fordii* Oliv.			√			√	√	√			
56.	中国无忧花 *Saraca dives* Pierre			√								
57.	花榈木 *Ormosia henryi* Prain			√			√		√			

（续表）

序号	珍稀度	极危	濒危	易危	近危	I级	II级	红皮书	红色名录	CITES	特有	广西重点
58.	半枫荷 *Semiliquidambar cathayensis* Chang			√			√	√	√		√	
59.	华南锥 *Castanopsis concinna* (Champ. ex Benth.) A. DC.				√		√	√	√		√	
60.	吊皮锥 *Castanopsis kawakamii* Hayata			√				√	√		√	√
61.	碟斗青冈 *Cyclobalanopsis disciformis* Y. C. Hsu et H. W. Jen			√						√	√	
62.	见血封喉 *Antiaris toxicaria* Lesch.				√			√	√			√
63.	滕柄木 *Bhesa robusta* (Roxb.) D. Hou	√				√		√	√			
64.	亮叶雀梅藤 *Sageretia lucida* Merr.			√								
65.	米仔兰 *Aglaia odorata* Lour.								√			
66.	伯乐树 *Bretschneidera sinensis* Hemsl.				√	√		√	√			
67.	扁桃 *Mangifera persiciformis* C.Y. Wu & T.L. Ming			√						√		
68.	青榨槭 *Acer davidii* Frarich.								√			
69.	罗浮槭 *Acer fabri* Hance								√			
70.	岭南槭 *Acer tutcheri* Duthie								√		√	
71.	喜树 *Camptotheca acuminata* Decne						√				√	
72.	马蹄参 *Diplopanax stachyanthus* Hand.-Mazz.				√			√	√			√
73.	吊钟花 *Enkianthus quinqueflorus* Lour.								√			
74.	云锦杜鹃 *Rhododendron fortunei* Lindl.								√		√	
75.	岭南杜鹃 *Rhododendron mariae* Hance								√		√	
76.	毛棉杜鹃 *Rhododendron moulmainense* Hook.								√			
77.	杜鹃 *Rhododendron simsii* Planch.								√			
78.	小果柿 *Diospyros vaccinioides* Lindl.		√								√	
79.	海南紫荆木 *Madhuca hainanensis* Chun et How			√			√	√	√		√	
80.	紫荆木 *Madhuca pasquieri* (Dubard) Lam			√			√	√	√			
81.	巴戟天 *Morinda officinalis* How			√			√	√	√			
82.	丁公藤 *Erycibe obtusifolia* Benth.			√								
83.	苦梓 *Gmelina hainanensis* Oliv.						√	√	√			√
84.	兰花蕉 *Orchidantha chinensis* T. L. Wu			√				√	√		√	
85.	金线兰 *Anoectochilus roxburghii* (Wall.) Lindl.		√						√	√		
86.	牛齿兰 *Appendicula cornuta* Bl.						√		√	√		
87.	竹叶兰 *Arundina graminifolia* (D. Don) Hochr.						√		√	√		

（续表）

序号	珍稀度	极危	濒危	易危	近危	I级	II级	红皮书	红色名录	CITES	特有	广西重点
88.	广东石豆兰 *Bulbophyllum kwangtungense* Schltr.						√		√	√	√	
89.	齿瓣石豆兰 *Bulbophyllum levinei* Schltr.						√		√	√		
90.	密花石豆兰 *Bulbophyllum odoratissimum* (J. E. Smith) Lindl.						√		√	√		
91.	黄兰 *Cephalantheropsis gracilis* (Lindl.) S. Y. Hu				√		√		√	√		
92.	尖喙隔距兰 *Cleisostoma rostratum* (Lodd.) Seidenf. ex Averyan						√		√	√		
93.	流苏贝母兰 *Coelogyne fimbriata* Lindl.						√		√	√		
94.	建兰 *Cymbidium ensifolium* (L.) Sw.			√			√		√	√		
95.	多花兰 *Cymbidium floribundum* Lindl.			√			√		√	√		
96.	春兰 *Cymbidium goeringii* (Rchb. f.) Rchb. f.			√			√		√	√		
97.	寒兰 *Cymbidium kanran* Makino			√			√		√	√		
98.	钩状石斛 *Dendrobium aduncum* Lindl.			√			√		√	√		
99.	流苏石斛 *Dendrobium fimbriatum* Hook.			√			√		√	√		
100.	蛇舌兰 *Diploprora championii* (Lindl.) Hook. f.						√		√	√		
101.	对茎毛兰 *Eria pusilla* (Griff.) Lindl.			√			√		√	√		
102.	玫瑰毛兰 *Eria rosea* Lindl.		√				√		√	√	√	
103.	高斑叶兰 *Goodyera procera* (Ker-Gawl.) HK.						√		√	√		
104.	鹅毛玉凤花 *Habenaria dentata* (Sw.) Schltr.						√		√	√		
105.	坡参 *Habenaria linguella* Lindl.				√		√		√	√		
106.	橙黄玉凤兰 *Habenaria rhodocheila* Hance						√		√	√		
107.	白肋翻唇兰 *Hetaeria cristata* Bl.						√		√	√		
108.	镰翅羊耳蒜 *Liparis bootanensis* Griff.						√		√	√		
109.	见血青 *Liparis nervosa* (Thunb. ex A. Murray) Lindl.						√		√	√		
110.	长茎羊耳蒜 *Liparis viridiflora* (Bl.) Lindl.						√		√	√		
111.	阔叶沼兰 *Malaxis latifolia* J. E. Smith						√		√	√		
112.	心叶球柄兰 *Mischobulbum cordifolium*(Hook. f.) Schltr.						√		√	√	√	
113.	紫纹兜兰 *Paphiopedilum purpuratum* (Lindl.) Stein		√				√		√	√		
114.	石仙桃 *Pholidota chinensis* Lindl.						√		√	√		
115.	绶草 *Spiranthes sinensis* (Pers.) Ames						√		√	√		
116.	白点兰 *Thrixspermum centipeda* Lour.						√		√	√		
合计		2	14	45	12	5	62	35	85	43	25	24

中文名索引

E

F

G

H

N

P

Q

R

S

T

拉丁文索引

A

B

C

D

E

F